KB249019

빛깔있는 책들 301-9

한라에서 백두까지

고산 식물

글, 사진/김태정

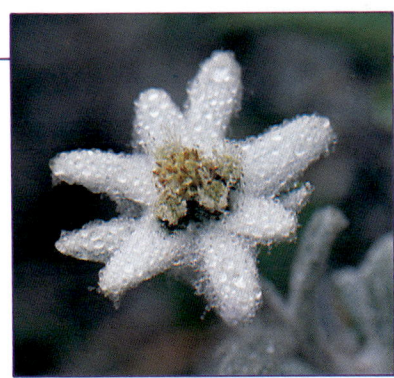

대원사

김태정

1942년 충남 부여에서 태어났다. 1985년 미 LA 국제대학 이학박사 학위 취득. '민통선 북방 지역 자연자원학술조사단' '외연열도 자연실태종합학술조사단' '안마군도 자연생태종합학술조사단' 일원으로 일했으며 현재 '한국야생화연구소'를 운영하고 있다. 저서로는 「한국의 야생화」(제1집, 동환출판) 「한국 야생화도감」(교학사) 「아스팔트 위에서 피는 야생화」(부루칸모로) 「집에서 기르는 야생화」 「약이 되는 야생초」 「약용식물」(대원사) 「우리가 정말 알아야 할 우리꽃 백 가지」(현암사) 등이 있다. 제9회 과학기술 도서상 저술부문(과학기술처 장관상), 제19회 세계환경의 날 환경보전유공 정부포상(국무총리 표창) 등을 수상하였다.

도움 주신 곳

내무부, 환경처, 산림청, 국립공원관리공단, 지리산국립공원, 경주국립공원, 계룡산국립공원, 한려해상국립공원, 설악산국립공원, 속리산국립공원, 한라산국립공원, 내장산국립공원, 가야산국립공원, 덕유산국립공원, 오대산국립공원, 주왕산국립공원, 서해해상국립공원, 북한산국립공원, 월악산국립공원, 치악산국립공원, 월출산국립공원, 태백산국립공원, 금오산도립공원, 남한산성도립공원, 변산반도도립공원, 묘악산도립공원, 무등산도립공원, 덕산도립공원, 칠갑산도립공원, 대둔산도립공원, 동해도립공원, 마이산도립공원, 가지산도립공원, 조계산도립공원, 두륜산도립공원, 선운산도립공원, 팔공산도립공원, 조령산도립공원, 경포도립공원, 청량산도립공원, 연화산도립공원, 울릉도, 백령도

식물조사연구회원(무순)

우종영, 전정일, 김낙봉, 윤주복, 정해용, 이경서, 송혁근, 김건식, 서재철, 김문영, 서기원, 고길홍, 이유미, 이준응, 박재홍, 김남재, 노동신, 이상집, 김임수, 김성영, 금순희

고산 식물

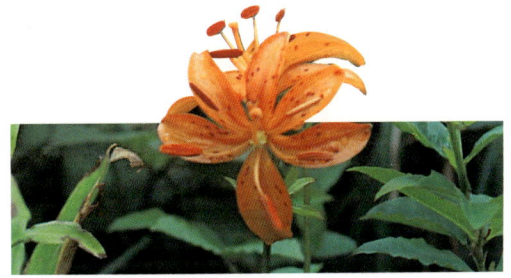

고산 식물

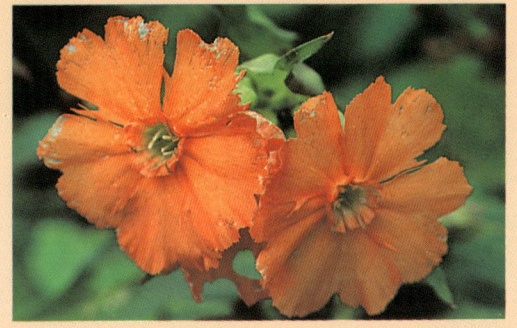

머리말

우리나라는 남북으로 길게 뻗은 국토의 등뼈 구실을 하는 태백산맥(太白山脈)을 중심으로 각 지방마다 산줄기가 뻗어나가고 그 능선을 따라서 온갖 식물들이 분포지(分布地)를 점차로 넓혀간다. 그 가운데서도 백두 대간(白頭大幹)에서 이어지는 강원 지방 태백산까지의 큰 산줄기는 남북의 고산 지대(高山地帶)로 이어져 각종 북쪽 계통의 식물군(植物群)이 남하하는 경우도 있다.

높은 산과 산봉우리로 이어져 남쪽까지 계속 뻗어나가는 우리나라는 계절이 바뀔 때마다 온갖 야생화들이 많이 핀다.

이 책에서는 특히 심산 지역(深山地域)이나 고산 지대, 고원지(高原地)에 피는 것들 또는 한라산(漢拏山)에서부터 최북단의 백두산(白頭山)에 이르기까지 우리의 땅 각지에 솟은 높은 봉우리와 식물상(植物相)이 다양한 산 10개를 선정하였다. 이들 산이나 고지대에서 계절이 바뀔 때마다 아름답게 피어나는 식물 80종(種)을 선정하여 한라산을 첫번째로 하여 위로 올라가면서 마지막 백두산까지 그 식물의 분포지 및 생장(生長), 잎의 형태, 개화기 꽃의 색깔, 결실기, 용도, 토양, 번식 관계까지 전문 용어로 상세히 설명하였다. 분포, 개화기, 꽃의 색깔 등은 지금까지의 본인의 조사(調査)를 토대로 하였으며 식물 이름이 여러 개로 쓰이는 것을 모두 다 표기 하였고 사진은 꽃을 중심으로 실었다.

그 동안 한국야생화연구소(韓國野生花研究所) 식물 조사에 많은 협조를 해주신 국립공원관리공단, 각 지방 국립공원, 도립공원 관계자 여러분께 감사드리며 또한 지금까지 식물 조사에 참여해 준 한국 야생화연구회 연구 선생님들의 노고에 감사를 잊을 수 없다. 또한 야생화 관계 도서를 지속적으로 출판 보급하는 대원사 사장님과 출판 관계 직원 여러분께 감사드린다.

1992. 1. 김태정

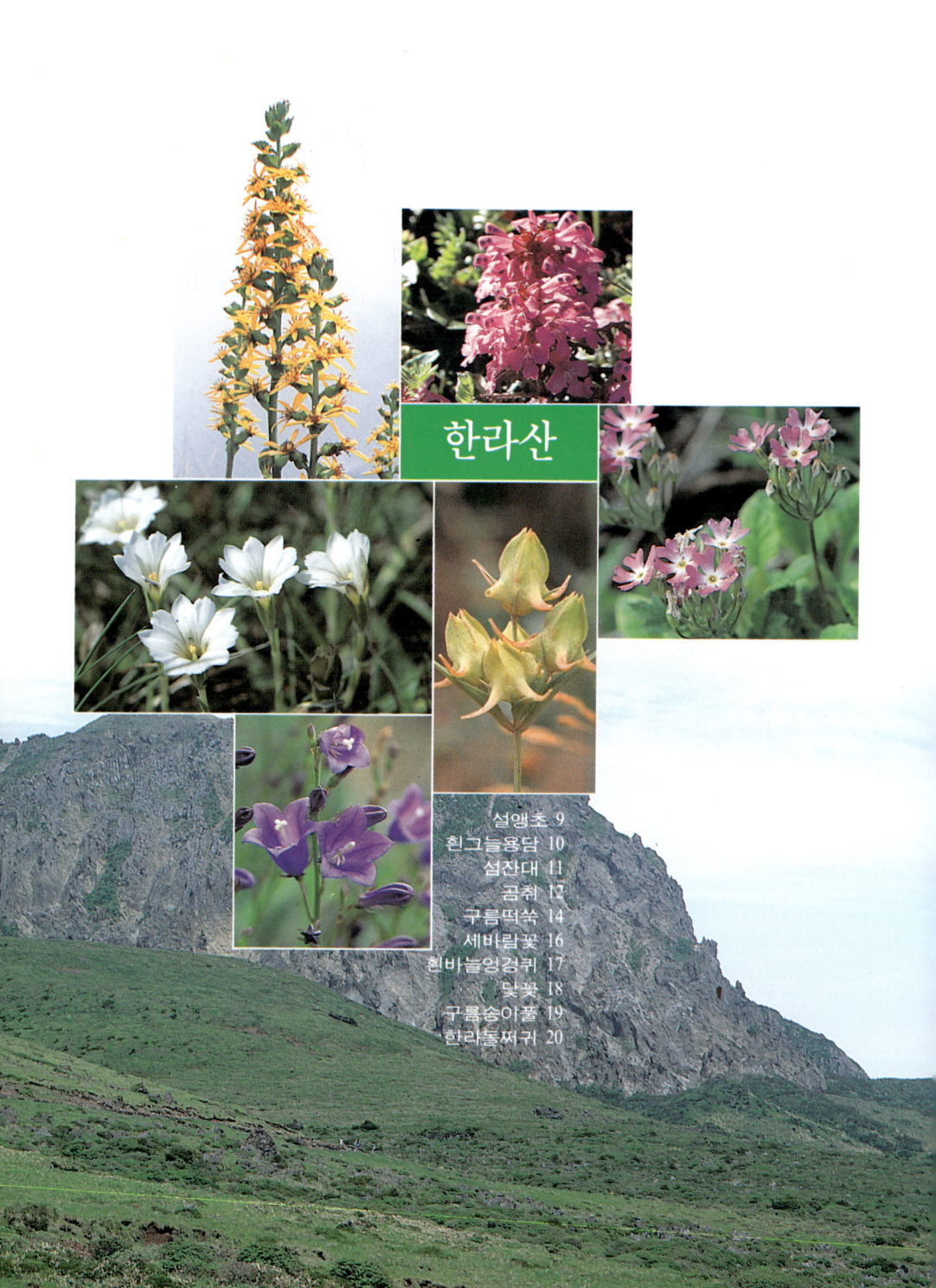

한라산

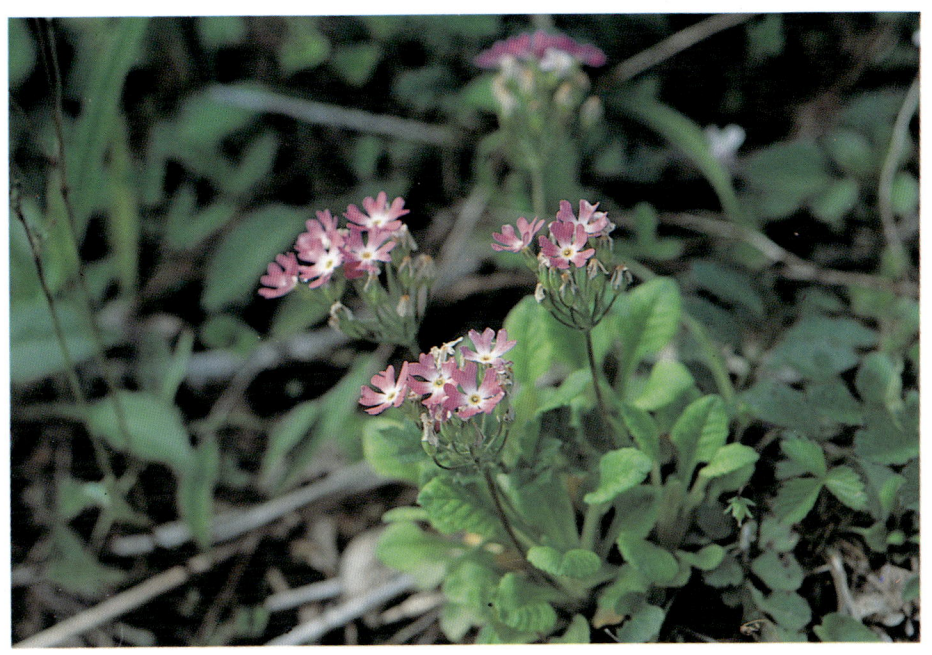

설앵초 (학명) Primula modesta Bisset. et Moor. var. fauriae Takeda.
애기눈앵초라 불리기도 하는 앵초과의 다년생 초본(多年生草本)이다.
우리나라 제주도, 남부 지방, 북부 지방의 고산 지대에 자라는 풀이다. 대개는 제주도
한라산 정상 부근의 바위틈에서 자라며 한라산 표고(標高) 1,100미터 이상의 약간
습기있는 곳에서 자란다.
모든 잎은 뿌리에서 나오는 근생엽(根生葉)으로 높이 20센티미터 안팎으로 자란다.
잎은 4각상 타원형으로 길며 잎 가장자리가 뒤로 말리는 것이 있고, 둔한 톱니가
나 있다. 뒷면은 황색 가루로 덮였고 밑부분이 갑자기 좁아져서 잎자루가 좁은 날개
처럼 된다.
5, 6월에 꽃이 피고 꽃줄기 끝에 산형 화서(傘形花序)로 달린다.
화관(花冠)은 홍자색(紅紫色)이고 지름 1 내지 1.4센티미터 정도이며 윗부분이 5개로
갈라져서 수평으로 퍼지며 열편(裂片) 끝이 약간 퍼진다.
7월에 삭과(蒴果)되고 열매는 짧은 원주형(圓柱形)이며 길이 0.5 내지 0.8센티미터
정도로서 끝이 5개로 갈라진다.
식용, 관상용, 약용 등에 쓰이며 어린잎은 나물로 먹으며 화단의 관상초로 심고 전초
(全草:풀 전체)를 민간에서 거담 등의 약으로 쓴다.
현무암계 토양에 잘 자라며 분주, 종간 잡종법, 종자 재배법, 계통 분리법 등에 의하
여 번식된다.

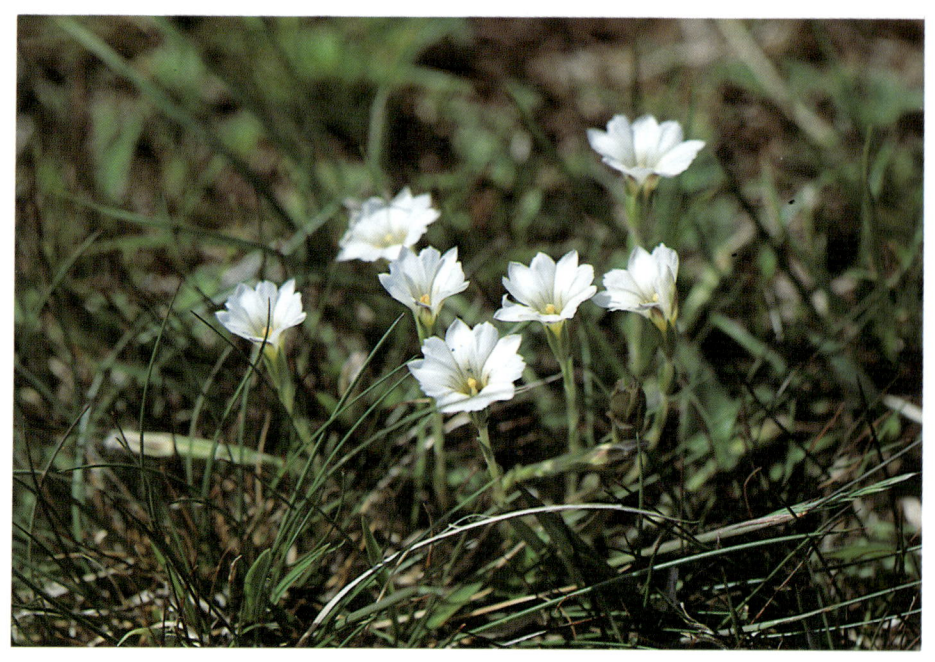

흰그늘용담 (학명) Gentiana pseudo-aquatica KUSNEZOFF.

흰구슬봉이라고 불리기도 하는 용담과의 2년생 초본(二年生草本)이다. 한국 특산 식물(韓國特産植物)이며 우리나라 제주도의 한라산에 자란다. 대개는 한라산 표고(標高) 1,000미터 이상의 고산 지대 초원지(草原地)에서 많이 자란다.

높이 5 내지 7센티미터 안팎으로 자라고 밑에서 갈라져 총생(叢生)하며 털이 없고 뿌리는 직근(直根)이 있어 깊이 6센티미터 정도까지 곧게 들어간다.

잎은 둥근형으로 뿌리 끝에서 모여 나서 꽃무늬처럼 비스듬히 퍼진다. 길이 1.5센티미터, 너비 1.2센티미터 정도이며 끝이 뾰족하다. 가장자리가 막질(膜質)로 되고 잔돌기가 있으며 위로 올라갈수록 점차 작아져서 경생엽(莖生葉)으로 된다.

5월에서 7월에 백색 꽃이 줄기 끝에서 1개씩 위를 향하여 핀다. 꽃받침 열편(裂片)은 피침형이며 끝이 뾰족하고 가장자리가 백색 막질이며 화관(花冠)은 꽃받침보다 2배 정도 길고 끝에 가시 같은 돌기가 있으며 열편 사이의 부편(副片)은 열편보다 약간 짧고 대개는 톱니가 있다.

7월부터 삭과(蒴果)되고 종자(種子)는 방추형(紡錘形)이다.

관상용, 약용으로 쓰이고 화단의 관상초로도 심으며 민간에서 건위 등의 약으로 사용한다.

현무암계 토양에 잘 자라며 실생법, 종내 잡종법, 분주법 등에 의하여 번식된다.

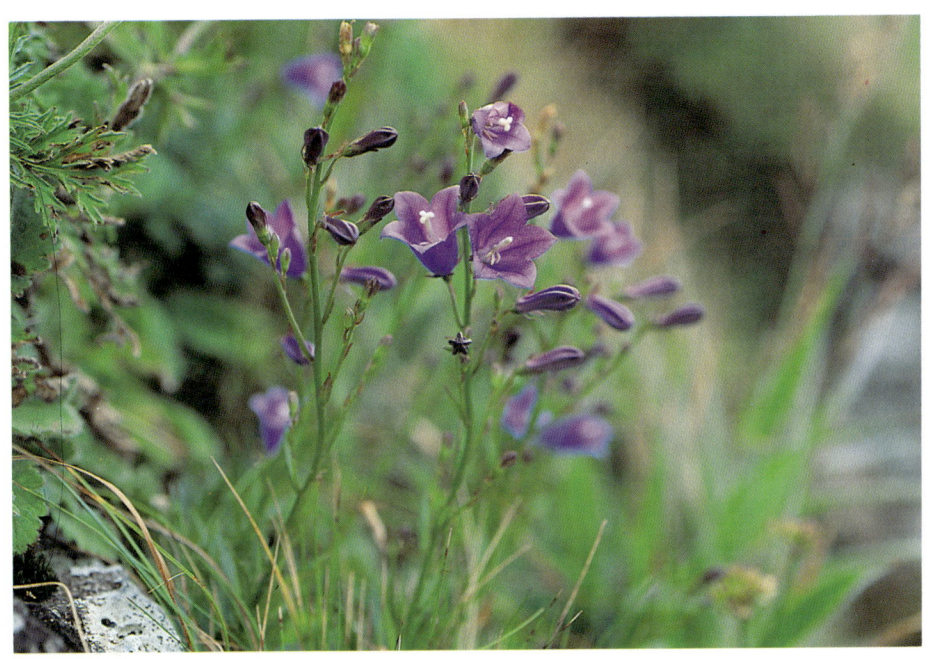

섬잔대 (학명) Adenophora tashiroi Makino. et Nakai.

한국 특산 식물이며 제주도에만 자라는 도라지과의 다년생 초본이다.

우리나라 제주도의 한라산 정상 부근에 자라며 대개는 높은 지대의 바위틈이나 초원지 등에 잘 자란다. 높이 20 내지 25센티미터 정도 자라며 잎이 달린 자리에서 줄이 생기며 곧게 자라지만 총생(叢生)할 때에는 옆으로 비스듬히 굽었다가 끝부분은 곧게 선다.

잎은 호생(互生:어긋나는 것)하고 긴 타원형, 도란상 타원형 또는 난형이며 중앙부의 잎은 길이 1.5 내지 2센티미터, 너비 1 내지 1.5센티미터 정도로서 엽병(葉柄)이 없고 가장자리에 톱니가 드문드문 나 있다.

7월에서 9월에 꽃이 피고 꽃은 하늘색이며 1개 내지 여러 개가 총상(總狀)으로 달리며 포(苞)는 피침형으로 잎 같으며, 소포(小苞)와 더불어 톱니가 있는 것도 있다. 꽃받침 열편(裂片)은 선형 또는 피침형이고 길이 0.7센티미터 정도로 톱니와 털이 없으며 옆으로 퍼진다. 화관(花冠)은 종형(鐘形)이며 길이 2센티미터 정도로서 끝이 얕게 갈라진다. 11월에 삭과(蒴果)된다.

식용, 관상용, 약용으로 쓰이며 부드러운 순과 잎을 나물로 먹으며 관상초로 심고 민간에서 한열 등의 약으로 쓴다. 현무암계 토양에 잘 자라며 실생법, 생태적 육종법, 종간 잡종법, 분주법 등에 의하여 번식된다.

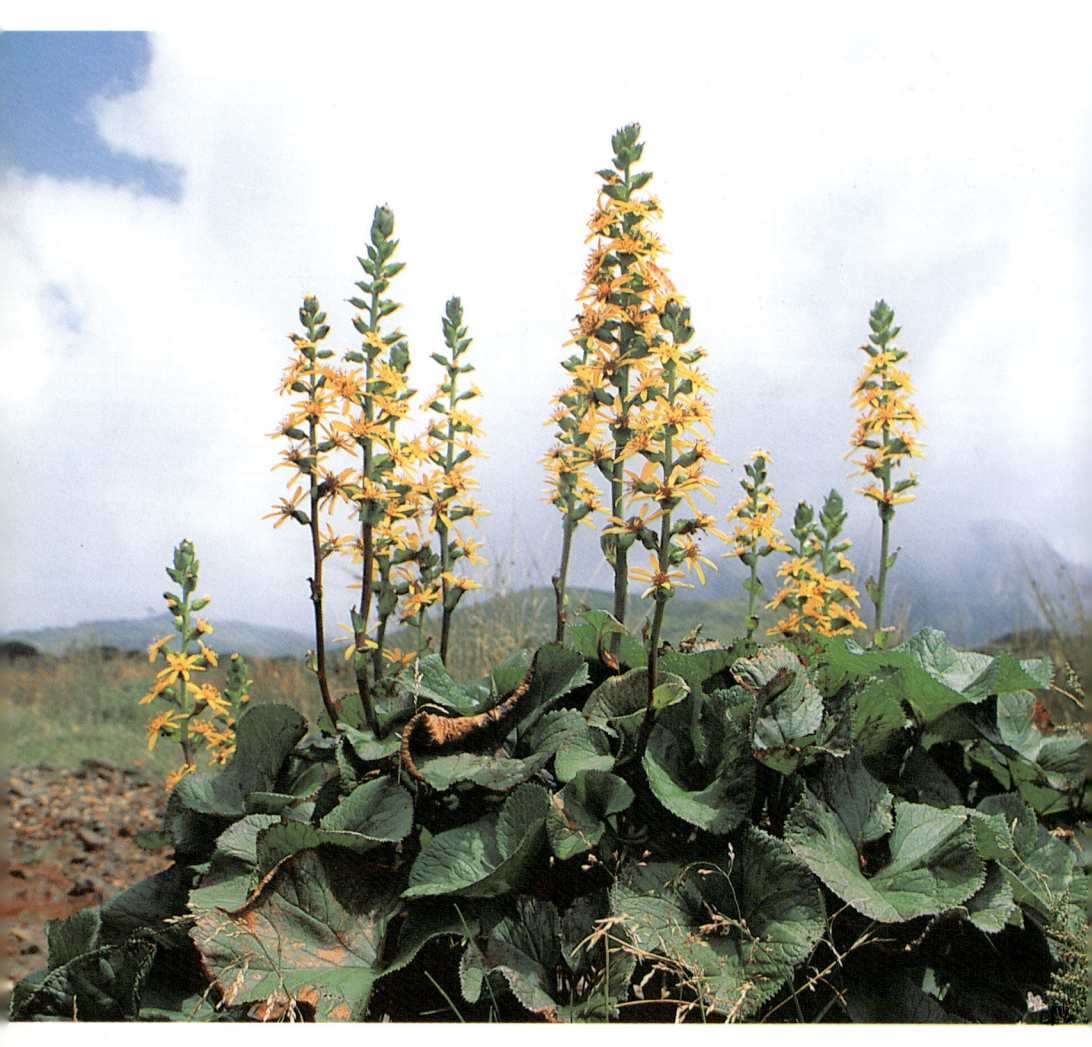

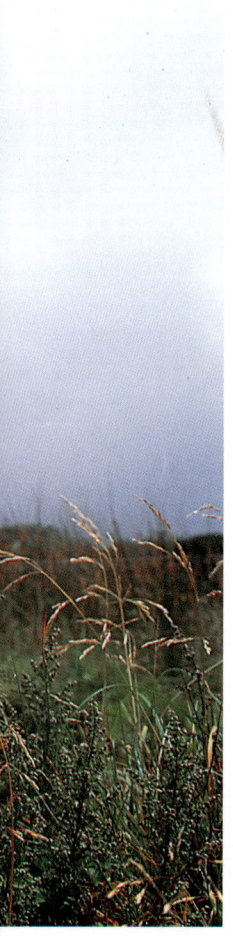

곰취 (학명) Ligularia fischeri(LEDEB.) TURCZ.

고산지 및 심산 지역에 자라는 국화과의 다년생 초본이며 방향성 식물(芳香性植物)이다.

우리나라 각 도의 심산 지역 및 높은 지대의 산과 한라산, 지리산, 태백산, 대관령, 오대산, 대암산, 낭림산, 백두산에 이르기까지 특히 고산 지대의 정상 부근 약간 습기 있는 초원지(草原地) 및 고원지(高原地)에 흔히 자란다. 높이 1, 2미터 안팎으로 자라며 근경이 굵고 근생엽(根生葉)은 길이 85센티미터나 되는 것도 있다. 잎은 신장상(腎臟狀) 심장형(心臟形)이고 길이 32센티미터, 너비 40센티미터 정도로서 가장자리에 일정한 톱니가 있다.

잎자루는 길이 59센티미터 정도로서 날개가 없으며 경생엽(莖生葉)은 대개 3개가 달리고 밑부분의 것은 근생엽과 같으나 작으며 잎자루 밑부분이 원줄기를 감싸고 윗부분의 것은 훨씬 작다.

7월에서 9월에 꽃이 황색(黃色)으로 피며 꽃은 지름 4, 5센티미터 정도이다. 총상 화서(總狀花序)는 길이 75센티미터 정도로 화경(花梗)은 길이 1 내지 9센티미터이고 1개의 포(苞)가 있다.

총포(總苞)는 통상(筒狀) 종형(鐘形)이며 길이 1 내지 1.2센티미터, 넓이 0.8 내지 1.4센티미터이고 포편(苞片)은 8, 9개가 1줄로 배열된다. 설상화(舌狀花)는 5 내지 9개로서 길이 0.2센티미터이고 통부(筒部)는 길이 0.8센티미터 정도이다.

10월에 수과(瘦果)되며 수과는 길이 0.6 내지 1.1센티미터 정도로서 원통형(圓筒形)이며 종선이 있고 관모(冠毛)는 길이 0.6 내지 1센티미터로서 갈색 또는 갈자색(褐紫色)이다.

식용, 약용으로 쓰이며 부드러운 순과 잎을 나물(묵나물)로 먹는다.

민간에서 전초(全草) 및 뿌리를 진통, 보익 등의 약으로 쓴다.

현무암계, 화강편마암계, 변성퇴적암계, 경상계, 반암계 등의 토양에 잘 자란다. 삽목법, 분주법, 종간 육종법, 생태 육종법, 계통 분리법 등에 의하여 번식된다.

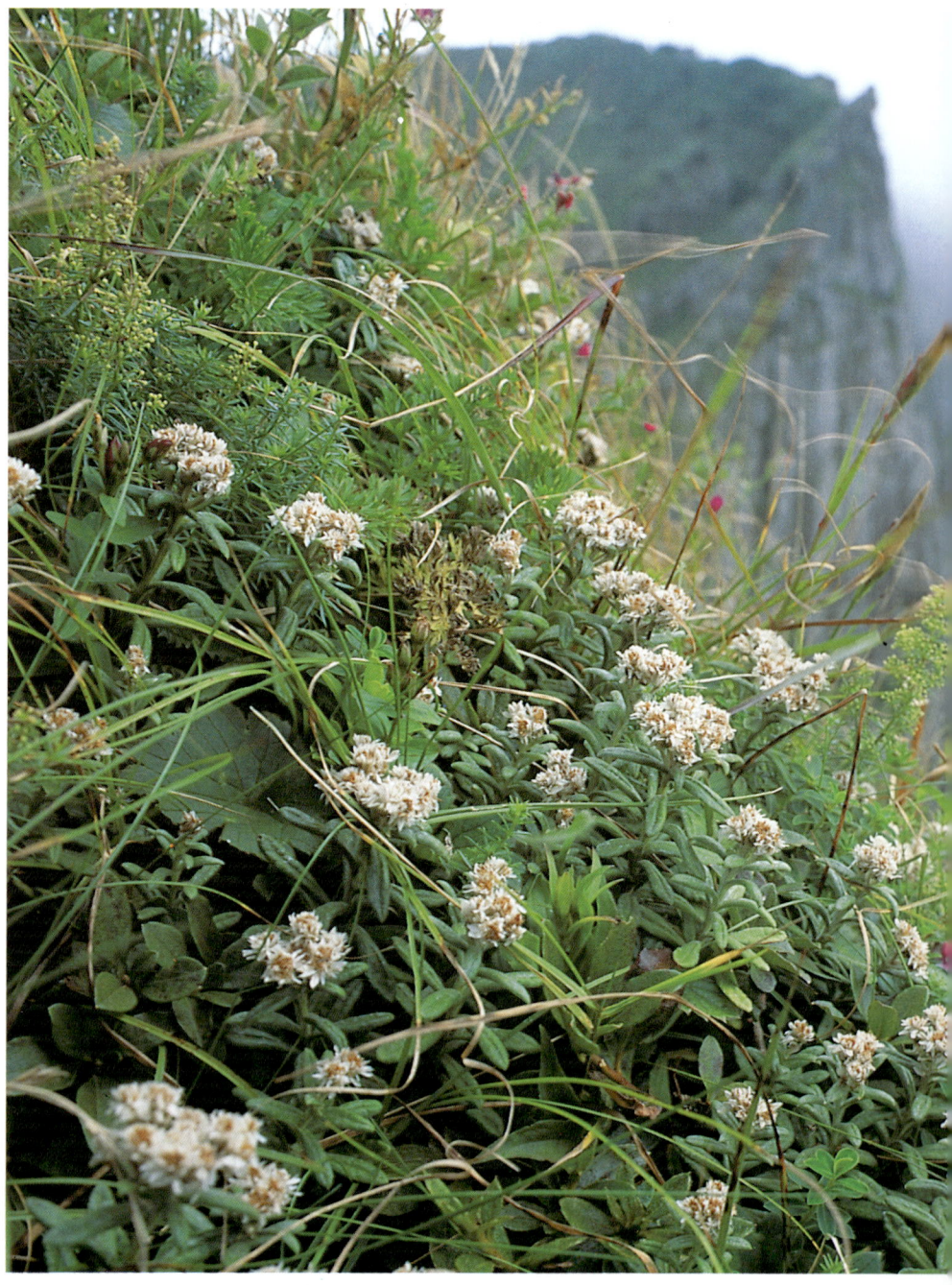

구름떡쑥 (학명) Anaphalis sinica subsp. morii(NAK.) KITAMURA.

한라산에서만 자라는 국화과의 다년생 초본이다.

우리나라 제주도 한라산 표고(標高) 1,200미터에서 1,800미터 사이의 약간 메마른 초원지 및 바위 곁에서 잘 자란다.

높이 5 내지 20센티미터 안팎으로 자라며 대개 건조한 지역에 자라고 근경(根莖)은 옆으로 뻗으며 끝이 인편(鱗片) 같은 잎으로 덮여 있다. 원줄기도 면모(綿毛)로 덮여 있으며 끝까지 잎이 밀생(密生)한다.

밑부분의 잎은 꽃이 필 때 없어지고 중앙부의 잎은 도피침형(倒披針形)이며 끝이 둔하고 질(質)이 두꺼우며 길이 1.5 내지 2센티미터, 너비 0.3 내지 0.7센티미터 정도로 밑으로 좁아져서 잎자루가 없고 표면은 녹색이며 면모가 있고 뒷면은 면모가 많이 있어 회백색이다. 8, 9월에 꽃이 피고 꽃은 연한 황색(黃色)이며 두화(頭花)는 끝에 1개 또는 여러 개가 모여서 산방상(繖房狀)으로 된다. 자성두화(雌性頭花)는 잡성(雜性)이며 총포(總苞)는 종형(鐘形)이고 길이 0.6센티미터, 지름 0.5센티미터이다. 웅성두화(雄性頭花)는 수꽃뿐이고 구상 종형(球狀鐘形)으로서 길이 0.5센티미터, 지름 0.7센티미터 정도이다.

10월에 수과(瘦果)되고 수과는 긴 타원형이며 길이 0.2센티미터 정도이다.

식용, 약용에 쓰이고 어린순을 나물로 먹으며 전초(全草)를 민간에서 지혈, 건위 등의 약으로 쓴다.

현무암계 토양에 잘 자라며 생태 육종법, 실생법, 종내 육종법, 분주법 등에 의하여 번식된다.

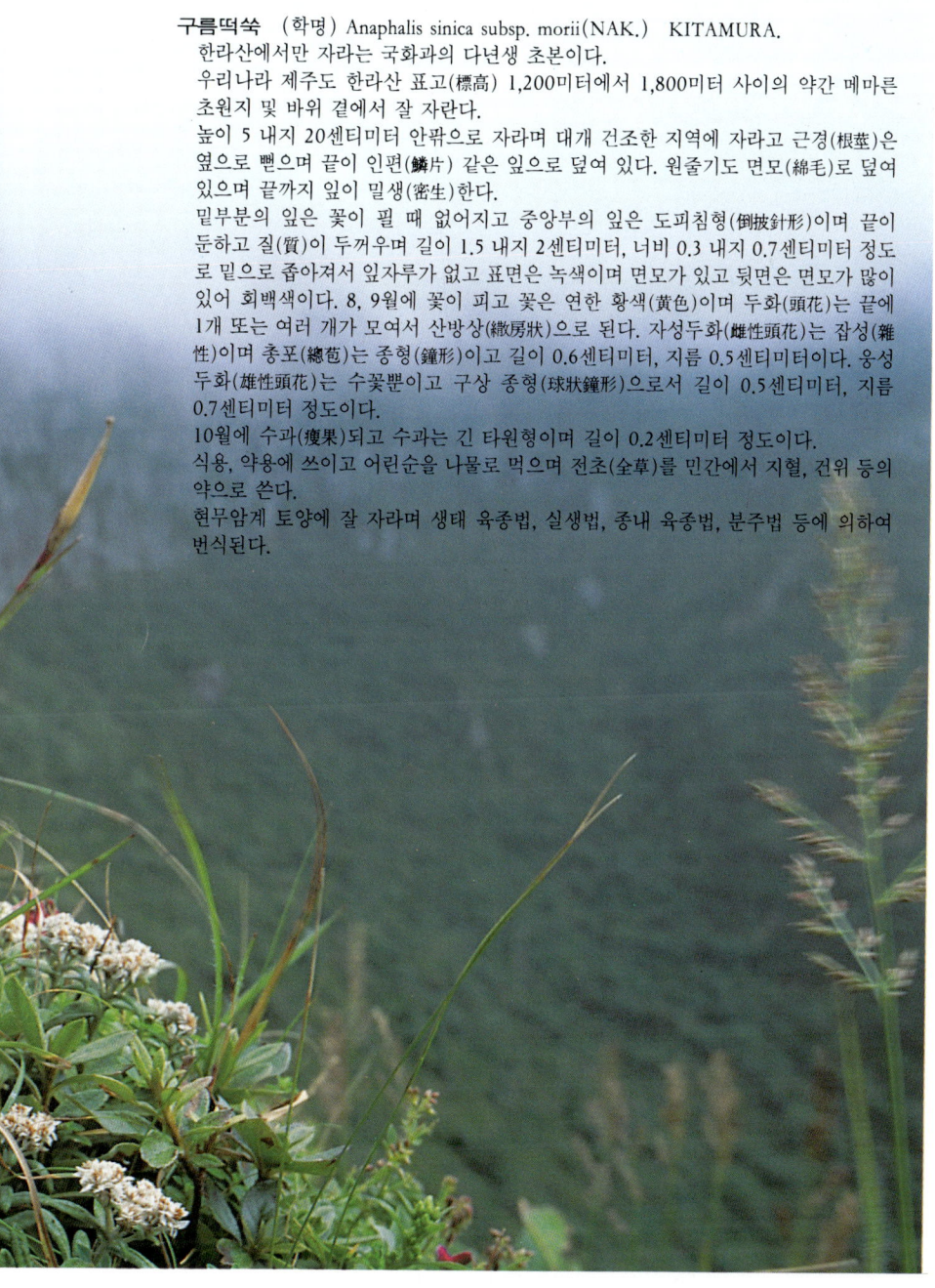

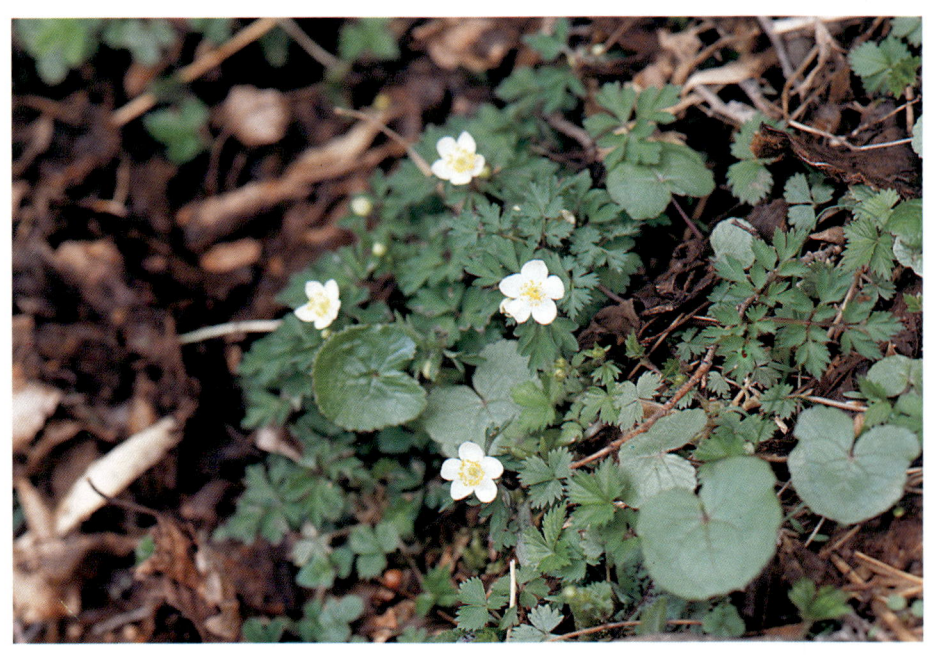

세바람꽃 (학명) Anemone stolonifera MAX.

　세송이바람꽃이라 불리기도 하는 미나리아재비과의 다년생 초본이며 유독성 식물(有毒性植物)이다.

　우리나라 제주도 한라산 정상 부근의 고원지 및 표고(標高) 1,100미터 이상의 숲 가장자리 등에서도 자란다.

　높이 10 내지 20센티미터 정도 자라며 근경(根莖)은 짧고 잔뿌리가 많으며 때로는 지하경(地下莖)이 옆으로 자라고 엽병 기부(葉柄基部)에 섬유(纖維)가 남아 있다.

　근생엽(根生葉)은 여러 개이며 잎자루가 길고 3출엽(三出葉)이며 측소엽(側小葉)은 2개로 깊게 또는 완전히 갈라진다. 정소엽(頂小葉)은 4각상(四角狀) 도란형이며 길이 1 내지 2.5센티미터, 너비 1, 2센티미터 정도로서 깊게 갈라지고 가장자리에 결각상(缺刻狀)의 톱니가 있으며 엽병(葉柄)이 있고 양면에 잔털이 있다.

　5월에서 7월에 꽃이 피고 꽃은 백색이며 2, 3개의 화병(花柄;꽃자루)이 나와 끝에 1개씩 달리며 소화경(小花梗)은 길이 2 내지 9센티미터 정도로서 잎자루와 더불어 털이 있다.

　꽃받침잎은 5 내지 8개이고 타원형이며 길이 0.8센티미터로서 겉에 털이 있다.

　8월에 수과(瘦果)되며 수과는 넓은 난형이며 길이 0.3센티미터 정도로서 잔털이 있다. 관상용으로 쓰이며 현무암계, 화강암계, 화강편마암계, 변성퇴적암계 등의 토양에서 잘 자란다.

　종자 재배법, 종내 잡종법, 생태 육종법, 분주법 등에 의하여 번식된다.

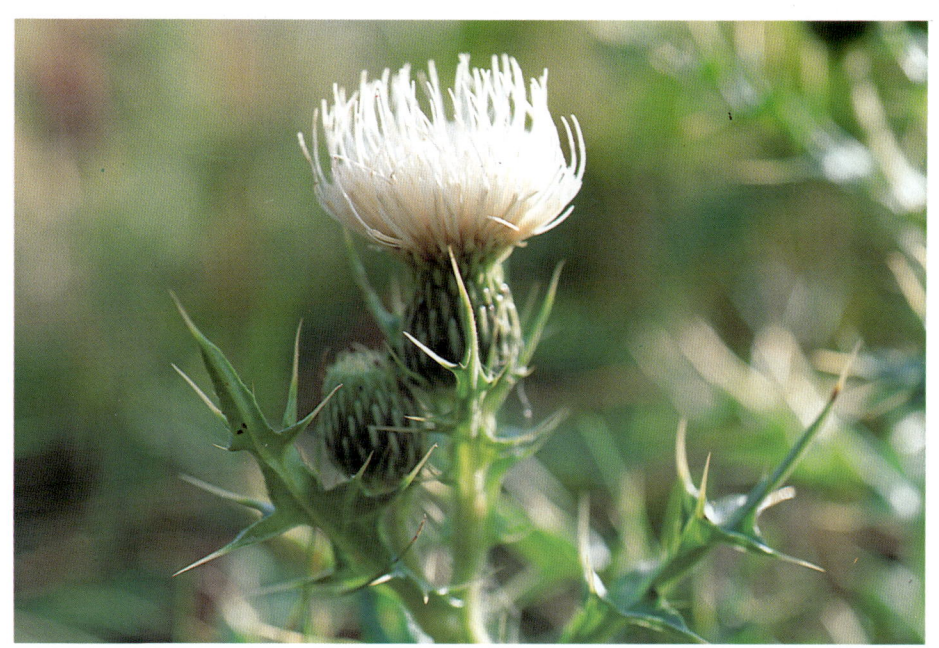

흰바늘엉겅퀴 (학명) Cirsium rhinoceros Nakai. for. albiflorum SAKATA. et NaKai.
한국 특산 식물이며 우리나라 제주도의 한라산에서만 자라는 국화과의 다년생 초본
이다.

제주도의 낮은 지대에서부터 높은 지대에 걸쳐 자라는 풀이지만 백색은 높은 지대에
많이 자란다.

높이 50센티미터 정도 자라며 뿌리는 방추형(紡錘形)이며 길이 30, 40센티미터이고
윗부분이 2, 3개로 갈라지며 잎과 가지가 많이 달리고 줄과 털이 있다.

근생엽(根生葉)은 꽃이 필 때까지 남아 있거나 없어지며 밑부분의 잎은 도피침형이고
끝이 꼬리처럼 길며 밑부분이 좁고 일정한 우상(羽狀)으로 갈라진다. 열편(裂片)은
인접해 있으며 옆이나 뒤로 젖혀지고 대개는 3개로 갈라진다. 가장자리에 딱딱하고
날카로운 가시가 있다. 7, 8월에 꽃이 피며 꽃은 백색으로 피고 두화(頭花)는 가지
끝과 원줄기 끝에 1개씩 달리며 지름 3 내지 3.5센티미터로서 잎 같은 포(苞)로 싸여
있고 총포는 길이 2.2 내지 3센티미터, 너비 3.5 내지 4.5센티미터 정도이다.

화관(花冠)은 백색이고 길이 1.8 내지 1.9센티미터 정도이다.

9월부터 수과(瘦果)되고 수과는 긴 타원형이며 윗부분이 황색이다.

식용, 약용으로 쓰이며 부드러운 잎을 나물로 먹으며 민간에서 지혈, 출혈 등에 약으
로 쓴다.

현무암계 토양에 잘 자라며 생태 육종법, 실생법, 종간 잡종법, 분주법, 근재생법 등에
의하여 번식된다.

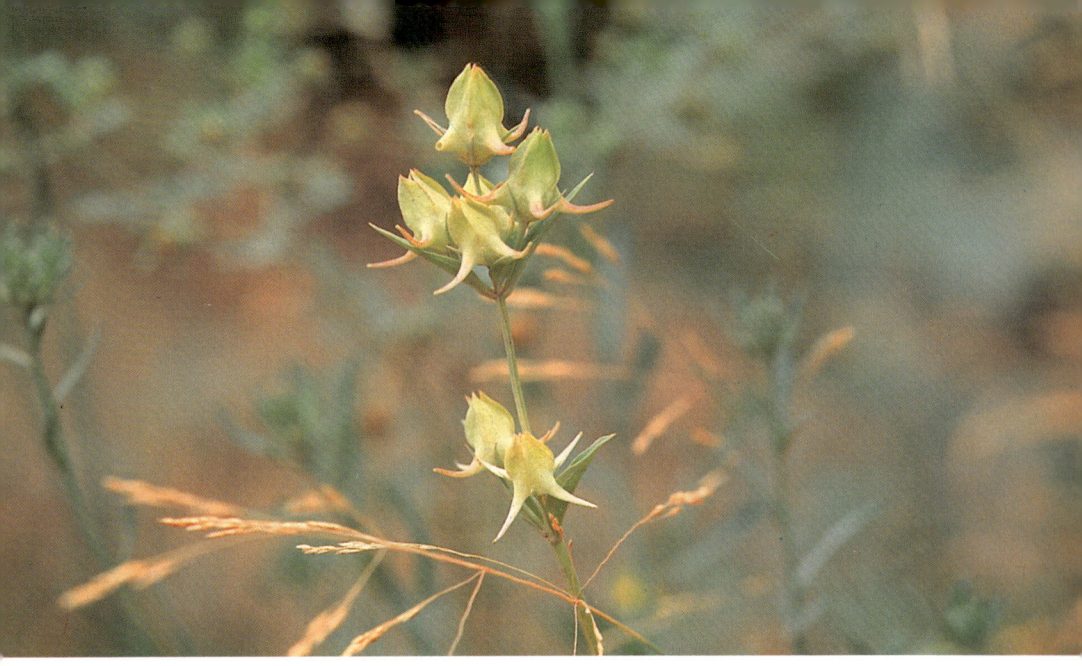

닻꽃 (학명) Halenia corniculata(L.) CORNAZ.

닻꽃이라 부르기도 하는 용담과의 2년생 초본이다.

우리나라 제주도 및 중부 지방, 강원도, 황해도 북부 지방, 평안남북도, 함경남북도의 심산 지역 및 고산지에 자라는 풀이다.

한라산의 정상 부근 또는 표고 1,100미터 이상의 습기있는 지역 초원에 자라고 백두산의 1,300 내지 1,700미터 지점의 습기있는 곳에서 자란다.

높이 30 내지 60센티미터 정도 자라고 햇볕이 잘 드는 풀밭에 자라며 전체에 털이 없고 4개의 능선(稜線)이 있다.

잎은 대생(對生 : 마주나는 것)하고 3 내지 5맥(脈)이 있으며 긴 타원형 또는 좁은 난형이고 끝이 뾰족하며 밑부분이 약간 엽병(葉柄)처럼 되며 길이 2 내지 6센티미터, 너비 1 내지 2.5센티미터로서 뒷면 맥 위와 가장자리에 잔돌기가 있다.

7, 8월에 꽃이 피고 꽃은 연한 황록색(黃綠色)이고 엽액(葉腋)에 달리며 소화경(小花梗)은 길이 1 내지 4센티미터 정도이다.

꽃받침은 4개로 갈라지고 열편(裂片)은 선형이며 잔돌기가 있고 화관(花冠)은 길이 0.6 내지 1센티미터 정도로 4개로 깊게 갈라진다. 열편 밑부분에 길이 0.3 내지 0.7센티미터의 거(距 : 꿀주머니)가 있고 수술은 4개이다.

9, 10월에 삭과(蒴果)되며 삭과는 피침형이며 화관과 길이가 비슷하고 2개로 갈라지며 종자(種子)는 길이 0.1센티미터 정도로서 타원형이며 겉이 평활하다.

관상용, 약용으로 쓰이며 화단의 관상초로도 심고 민간에서 건위 등의 약으로 쓴다. 분암계, 화강암계, 화강편마암계, 편상화강암계, 반암계, 경상계 등의 토양에서 잘 자란다.

생태 육종법, 종자 재배법, 분주법 등에 의하여 번식된다.

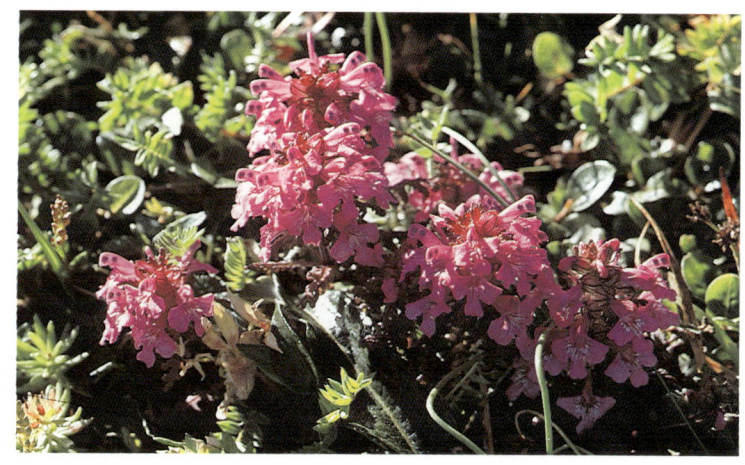

구름송이풀 (학명) Pedicularis Verticillata L.

고원지에서 자라는 현삼과의 다년생 초본이다.

우리나라 제주도의 한라산 정상 부근과 남부 지방의 경상남도 일부 및 북부 지방의 함경남북도, 백두산, 부전고원, 관모봉 등의 고원 지대에서 자라는 풀이며 특히 한라산 표고 1,500미터 이상의 높은 지대 및 백두산의 2,000미터 이상의 고원지에서 자란다.

높이 5 내지 15센티미터 정도 자라며 화서(花序)와 더불어 원줄기의 능각(稜角)에 부드러운 털이 있으며 밑에서 가지가 갈라진다.

근생엽(根生葉)은 총생(叢生)하고 잎자루와 더불어 길이 4.5 내지 8센티미터이며 꽃이 필 때까지 있으며 경생엽(莖生葉)은 2 내지 6개씩 윤생(輪生)하고 긴 타원형 또는 난상 긴 타원형이며 길이 2, 3센티미터, 너비 0.5 내지 1센티미터로서 우상(羽狀)으로 깊게 또는 완전히 갈라지고 우편(羽片)은 5 내지 7쌍이며 긴 타원형이고 톱니가 나 있다.

7, 8월에 꽃이 피고 꽃은 홍자색(紅紫色)이며 정생(頂生)하는 총상 화서에 달리며 포(苞)는 꽃받침보다 길고 삼각형(三角形)으로서 우상 또는 장상(掌狀)으로 갈라지며 밑부분이 좁다.

화관은 길이 1.5센티미터, 수술은 4개이며 꽃받침은 10맥(脈)이 있으며 앞쪽이 중앙까지 갈라지고 끝이 5개로 갈라진다. 10월에 삭과되고 삭과는 길이 1.5센티미터로서 끝이 길게 뾰족해지며 종자(種子)는 겉에 그물눈이 있다.

식용, 관상용, 밀원용, 약용으로 쓰이며 어린순을 나물로 먹으며 화단의 관상초로 심고 꿀이 많아 밀원 식물(蜜源植物)로 쓰인다. 민간에서 종기 등의 약으로 쓰이며 현무암계, 반암계, 화강편마암계, 변성퇴적암계, 경상계, 화강암계 등의 토양에 잘 자란다.

실생법, 생태 육종법, 종간 잡종법, 분주법, 종내 잡종법, 계통 분리법 등에 의하여 번식된다.

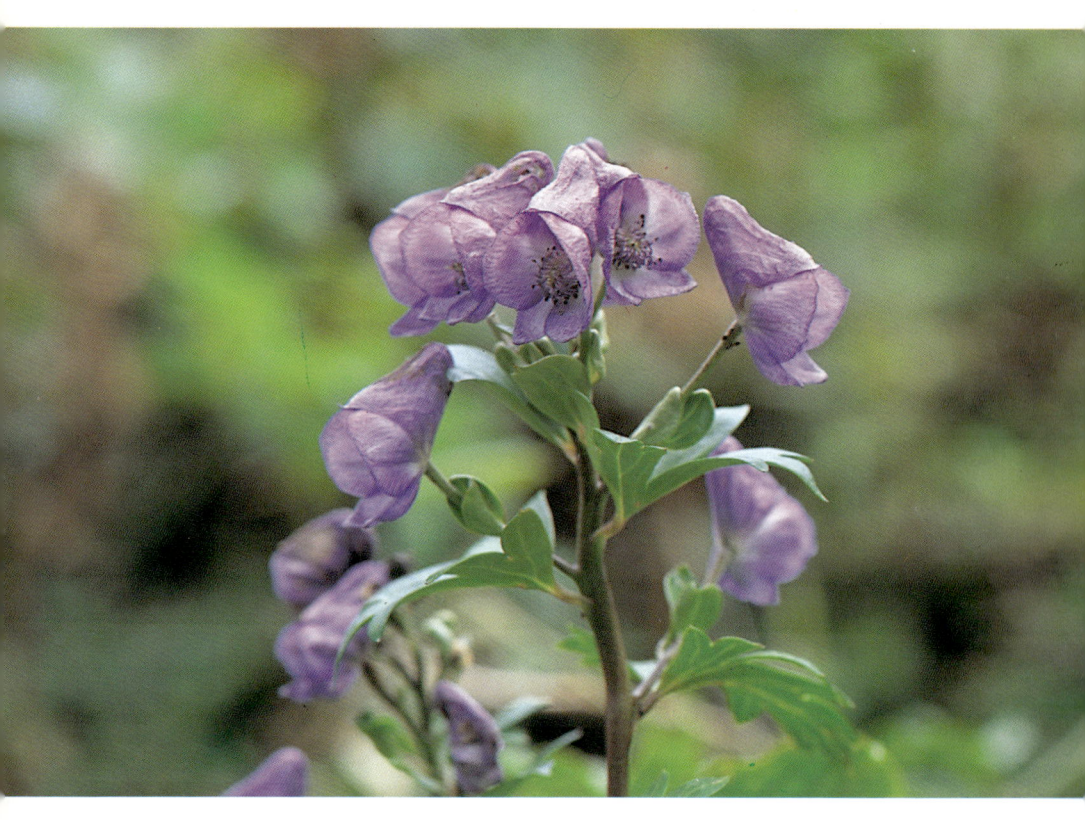

한라돌쩌귀 (학명) Aconitum napiforme LEV. et VNT.

섬초오, 섬바꽃 등으로도 불리는 미나리아재비과의 다년생 초본이다.

우리나라 제주도의 산지(山地)에 자라며 한라산 표고(標高) 1,200미터까지의 초원지에서 자라는 풀이다. 대개는 제주도의 낮은 지대 풀밭에서부터 한라산 표고 1,200미터 정도까지에서 자란다.

원줄기 밑부분을 제외하고는 모두 굽은 털이 나 있다. 잎은 어긋나고 3개로 완전히 갈라지고 길이 6.5 내지 14센티미터, 너비 7.5 내지 18센티미터 정도로서 열편(裂片)에 소엽병(小葉柄)이 있으며 측열편(側裂片)은 다시 2개씩 깊게 갈라진 다음 2, 3개로 갈라진다.

8, 9월에 꽃이 피고 꽃은 길이 2.7 내지 3.6센티미터 정도로서 청자색(靑紫色)으로 피며 겉에 꼬부라진 털이 있고 산방상(繖房狀) 총상 화서(總狀花序)에 달리며 소화경(小花梗)은 길이 2, 3센티미터 정도로서 꼬부라진 털이 있다.

뒤쪽 꽃받침은 길이 1.1 내지 2.2센티미터, 너비 1.4 내지 2센티미터로서 부리가 있다. 측열편은 길이 1.2 내지 1.9센티미터, 너비 0.9 내지 1.7센티미터이며 앞쪽 열편은 길이 1 내지 1.6센티미터, 너비 0.2 내지 0.6센티미터 정도이다.

10월에 골돌(蓇葖)되고 골돌은 3개이다. 관상용, 약용으로 쓰이며 화단의 관상초로 심고 한방 및 민간에서 뿌리를 초오(草烏)라 하며 이뇨, 중풍 등의 약으로 쓰인다.

현무암계, 화강암계, 화강편마암계, 변성퇴적암계 등의 토양에 잘 자란다.

분주법, 생태 육종법, 종내 교잡법, 종자 재배법 등에 의하여 번식된다.

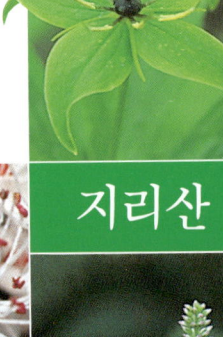

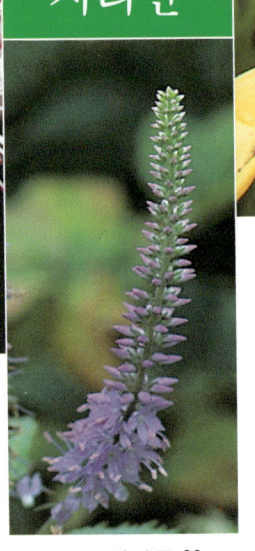

지리산

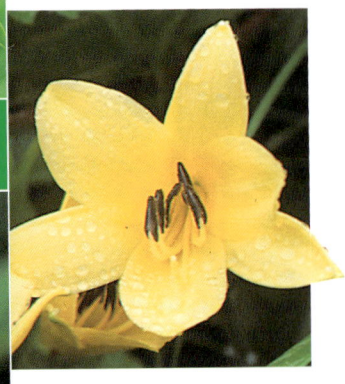

삿갓풀 (학명) Paris Verticillata sieb.

삿갓나물이라 쓰기도 하는 백합과의 다년생 초본이며 유독성 식물(有毒性植物)이다. 우리나라 각 섬지방을 제외한 본토(本土)의 산지에 자라며 경상남북도, 강원도, 전라북도, 충청남도, 경기도, 평안남북도, 함경남북도 등의 심산 지역 숲속 그늘에서 자라며 대개는 표고(標高) 1,000미터 이상의 높은 산에 많이 자란다.

높이 10 내지 30센티미터 정도 자라고 근경(根莖)이 옆으로 길게 뻗으며 그 끝에서 원줄기가 나오며 끝에서 6 내지 8개의 잎이 윤생(輪生)한다.

잎은 피침형 또는 좁고 긴 타원형, 넓은 피침형이며 길이 3 내지 10센티미터, 너비 1.5 내지 4센티미터 정도로서 끝이 갑자기 뾰족해지고 밑부분이 점차 좁아져서 직접 원줄기에 닿으며 3맥(脈)이 있고 털이 없다.

6, 7월에 꽃이 피고 꽃은 윤생엽(輪生葉) 중앙에서 1개의 화병(花柄)이 나와 끝에 1개의 꽃이 위를 향해 피고 화병의 길이는 5 내지 15센티미터 정도이다.

외화피(外花被)는 4, 5개이며 넓은 피침형 또는 좁은 난형이고 길이 2 내지 4센티미터, 너비 0.5 내지 1.5센티미터 정도로서 녹색(綠色)이며 옆으로 퍼지고 끝이 뾰족하다. 내화피(內花被)는 실 같고 길이 1.5 내지 2센티미터 정도로서 황색(黃色)이 돌며 나중에 밑으로 처진다.

수술은 8 내지 10개이며 길이 0.5 내지 0.7센티미터이다. 꽃밥은 길이 0.5 내지 0.8센티미터이다. 약격(藥隔)은 뾰족하게 길어지고 길이 0.5 내지 0.7센티미터이고 암술대는 4개이며 자방(子房)은 검은 자갈색(紫褐色)이다.

8월부터 장과(漿果)되며 장과는 둥글며 자흑색(紫黑色)이다.

관상용, 약용으로 쓰이며 화단의 관상초로 심고 민간에서는 뿌리를 건위 등의 약으로 쓰며 농약(農藥)의 원료로도 쓰인다. 어린순을 가끔 나물로 먹지만 특히 뿌리에 맹독성(猛毒性)이 많이 함유되어 위험한 풀이다.

화강편마암계, 경상계, 분암계, 반암계, 변성퇴적암계 등의 토양에 잘 자란다.

분주법, 생태 육종법, 종간 잡종법, 계통 분리법 등에 의하여 번식된다.

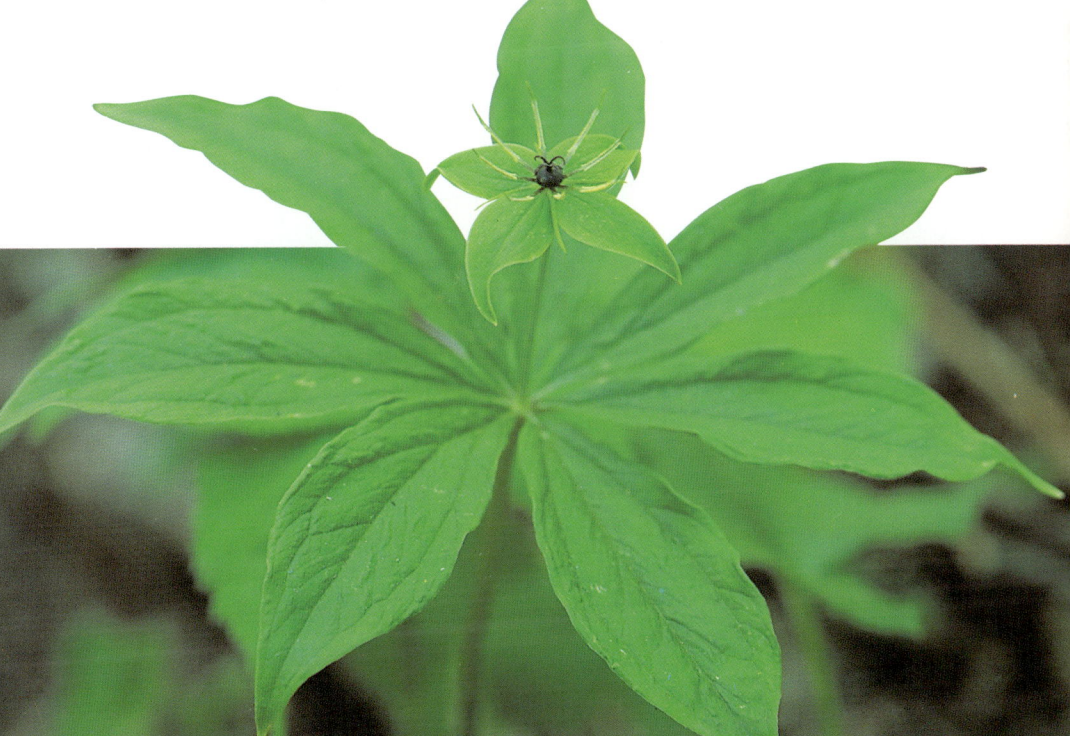

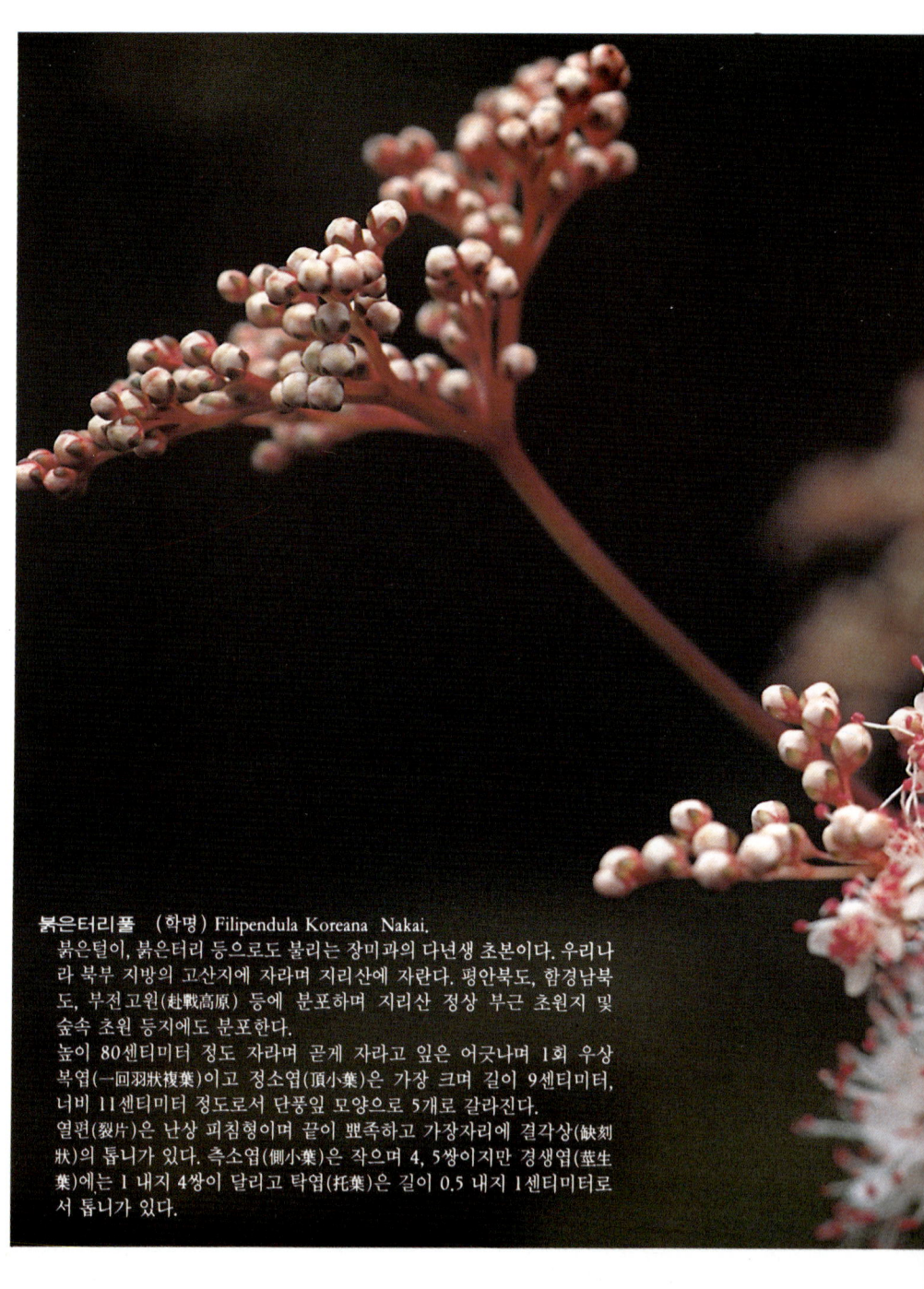

붉은터리풀 (학명) Filipendula Koreana Nakai.

붉은털이, 붉은터리 등으로도 불리는 장미과의 다년생 초본이다. 우리나라 북부 지방의 고산지에 자라며 지리산에 자란다. 평안북도, 함경남북도, 부전고원(赴戰高原) 등에 분포하며 지리산 정상 부근 초원지 및 숲속 초원 등지에도 분포한다.

높이 80센티미터 정도 자라며 곧게 자라고 잎은 어긋나며 1회 우상복엽(一回羽狀複葉)이고 정소엽(頂小葉)은 가장 크며 길이 9센티미터, 너비 11센티미터 정도로서 단풍잎 모양으로 5개로 갈라진다.

열편(裂片)은 난상 피침형이며 끝이 뾰족하고 가장자리에 결각상(缺刻狀)의 톱니가 있다. 측소엽(側小葉)은 작으며 4, 5쌍이지만 경생엽(莖生葉)에는 1 내지 4쌍이 달리고 탁엽(托葉)은 길이 0.5 내지 1센티미터로서 톱니가 있다.

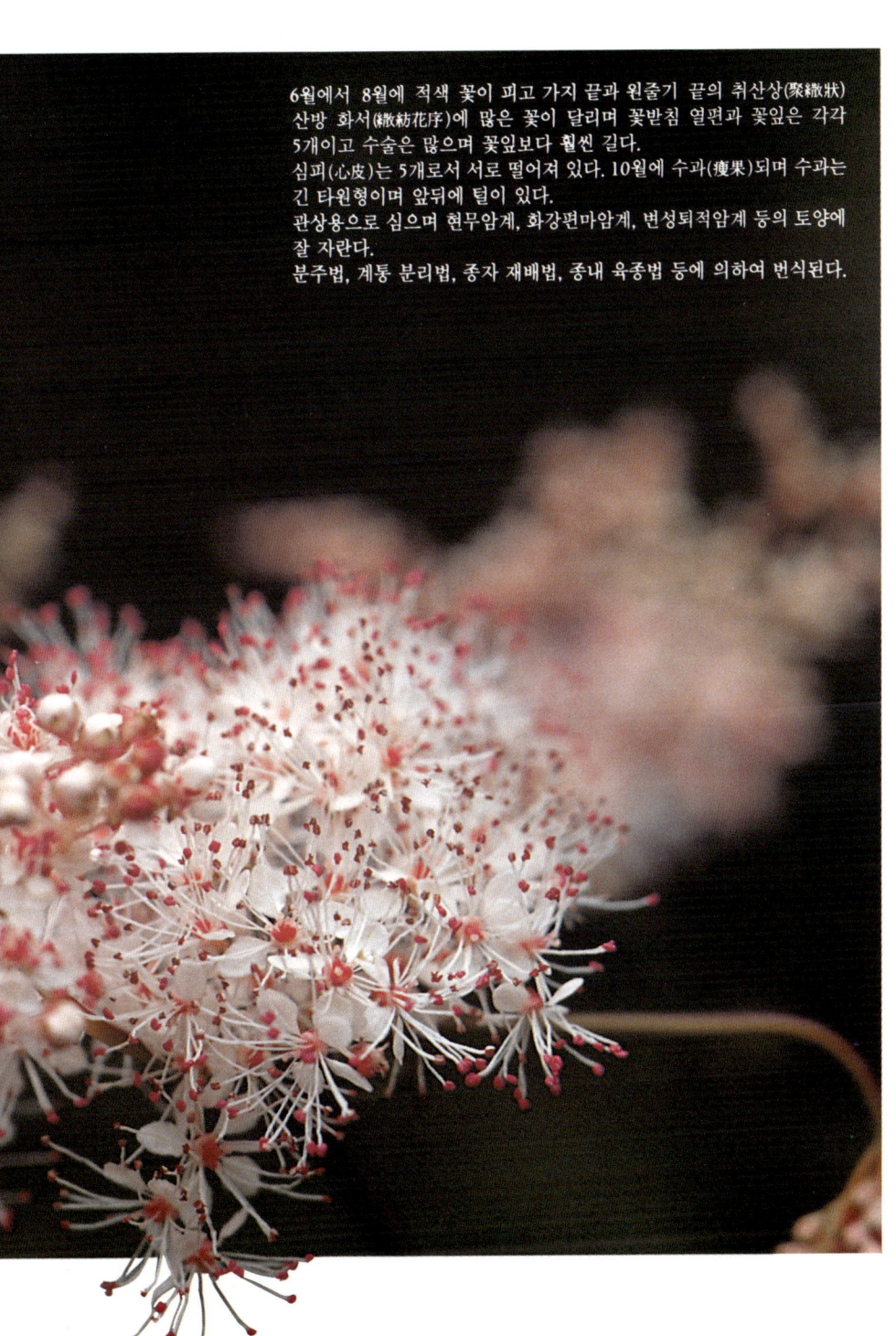

6월에서 8월에 적색 꽃이 피고 가지 끝과 원줄기 끝의 취산상(聚繖狀)
산방 화서(繖紡花序)에 많은 꽃이 달리며 꽃받침 열편과 꽃잎은 각각
5개이고 수술은 많으며 꽃잎보다 훨씬 길다.
심피(心皮)는 5개로서 서로 떨어져 있다. 10월에 수과(瘦果)되며 수과는
긴 타원형이며 앞뒤에 털이 있다.
관상용으로 심으며 현무암계, 화강편마암계, 변성퇴적암계 등의 토양에
잘 자란다.
분주법, 계통 분리법, 종자 재배법, 종내 육종법 등에 의하여 번식된다.

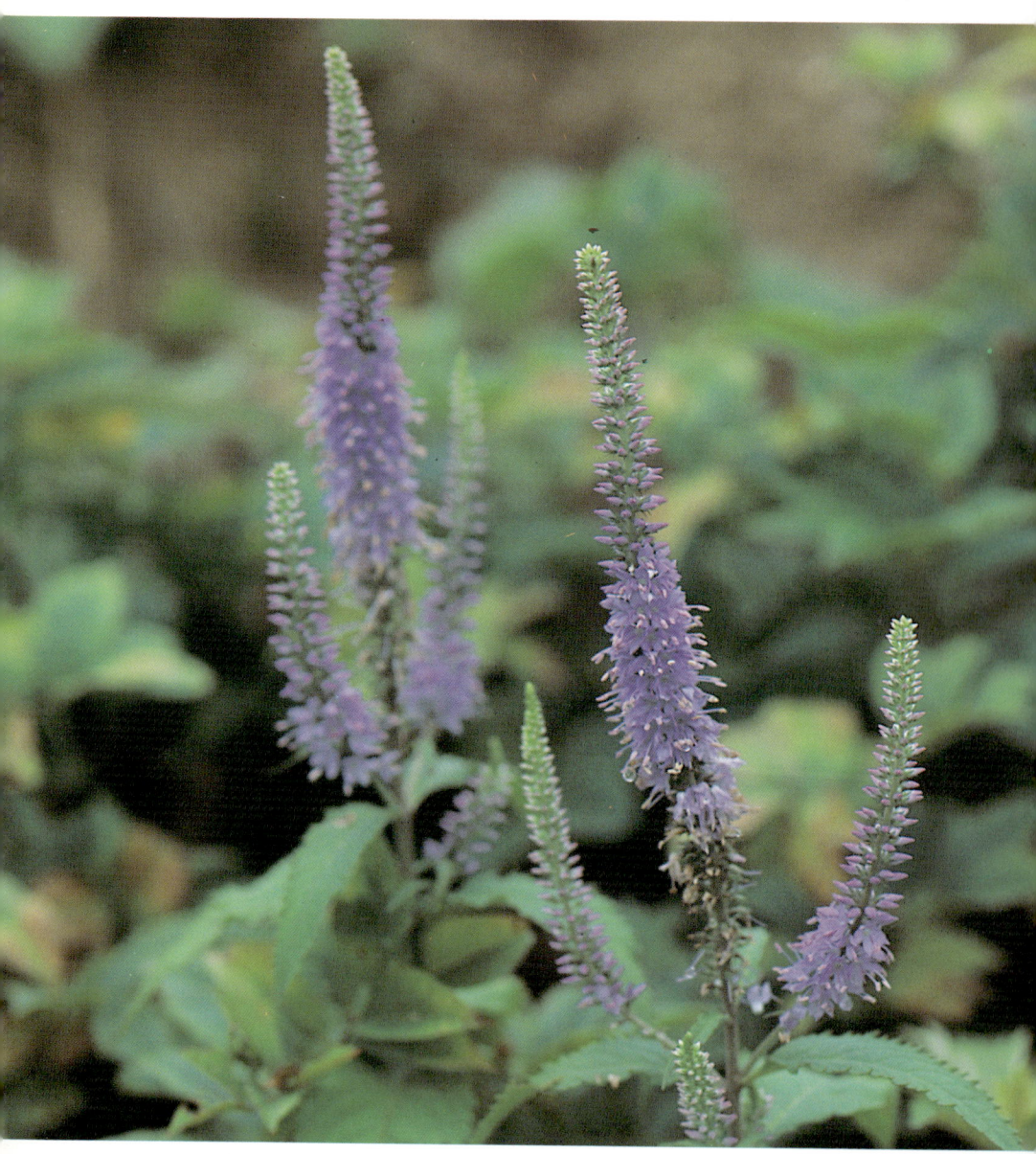

산꼬리풀 (학명) Veronica Komarovii MONJUS.

꼬리풀이라 불리기도 하는 현삼과의 다년생 초본이다.

우리나라 남부 지방 일부 및 중부 지방, 북부 지방 등의 심산 지역 및 고산 지대에 자라는 풀이다. 경상남도, 경기도, 강원도, 전라북도, 함경남도의 고산지 초원에 자라며 대개는 산 정상 부근 풀밭에 자란다.

높이 40 내지 80센티미터 정도로 자라고 가지가 거의 없으며 굽은 털이 산생(散生)한다.

잎은 대생(對生)하고 엽병(葉柄)이 거의 없으며 좁은 난형 또는 긴 타원형이고 끝이 뾰족하며 밑부분이 좁고 길이 5 내지 10센티미터, 너비 1.5 내지 2.5센티미터 정도로서 뒷면 맥(脈) 위에만 굽은 털이 약간 있으며 불규칙하고 뾰족한 톱니가 있다.

7, 8월에 꽃이 피고 꽃은 벽자색(碧紫色)이고 총상 화서(總狀花序)는 가지 끝과 원줄기 끝에 달리며 길이 10, 20센티미터로서 연한 짧은 털이 있다.

꽃받침은 4개로 깊게 갈라지고 열편(裂片)은 피침형이며 끝이 뾰족하고 화관(花冠)은 통부(筒部)가 짧으며 지름 0.8센티미터 정도로 윗부분이 4개로 갈라져서 퍼지고 수술은 2개이며 꽃밥은 흑자색(黑紫色)이다.

9월에 삭과(蒴果)되고 열매는 편원형(扁圓形) 또는 도란형(倒卵形)이며 꽃받침보다 길다.

식용, 관상용, 밀원용, 약용 등에 쓰이며 부드러운 잎과 순을 나물로 먹는다. 꿀이 많아 밀원 식물(蜜源植物)로 쓰이며 화단의 관상초 및 민간에서 중풍 등의 약으로 쓴다.

화강암계, 화강편마암계, 변성퇴적암계 등의 토양에 잘 자란다.

분주법, 생태 육종법, 종내 잡종법 등에 의하여 번식된다.

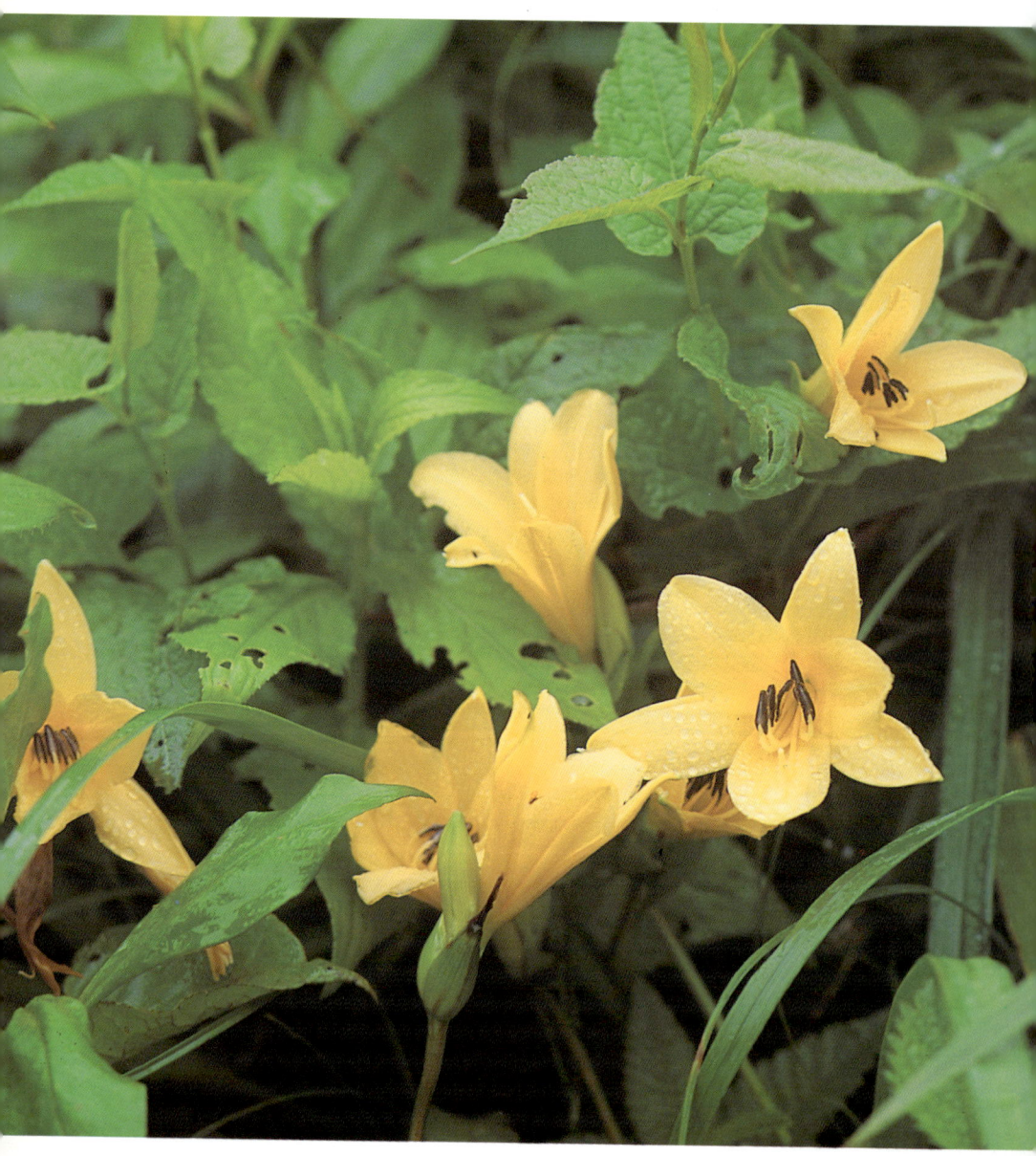

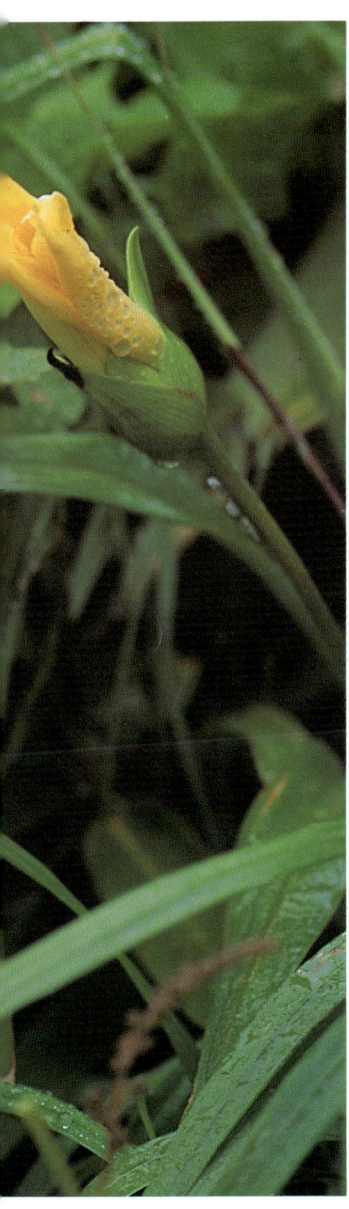

큰원추리　(학명) Hemerocallis middendorffii Traut. et Meyer.

심산 지역 및 고산 지대의 습지 초원에서 자라는 백합과의 다년생 초본이다.

우리나라 남부 지방 및 중부 지방, 북부 지방 등 섬지방을 제외한 각 지방의 산지에 자라며 경상남도, 전라북도, 경기도, 강원도, 평안북도, 함경남북도 등의 산지 낮은 지대의 습기있는 데부터 높은 산 고원지 풀밭에까지 자란다.

높이 30 내지 60센티미터 정도 자라고 땅속의 뿌리는 적갈색(赤褐色)이며 군데군데 타원형의 굵은 부분이 있다.

잎은 길이 30 내지 60센티미터, 너비 1.5 내지 2.5센티미터로서 대생(對生)하여 서로 얼싸안으며 밝은 녹색으로 윗부분이 활처럼 굽어서 뒤로 젖혀진다.

6, 7월에 꽃이 피고 꽃은 등황색(橙黃色)이며 화경(花莖)의 높이는 40 내지 60센티미터이며 화서(花序)는 매우 짧고 큰 포(苞) 안에 2 내지 4개의 꽃이 달린다.

꽃은 길이 8 내지 10센티미터, 지름 7센티미터 정도이고 내화피(內花被)는 너비 2 내지 2.5센티미터 정도로서 좁은 도란형 또는 긴 타원형이며 통부(筒部)는 길이 1 내지 1.5센티미터이다.

6개의 수술은 화피(花被)보다 짧고 암술대는 수술보다 길다.

10월에 삭과(蒴果)되며 열매는 넓은 타원상 원형으로서 포배(胞背)로 터져 흑색 종자(黑色種子)가 나온다.

식용, 밀원용, 관상용, 약용에 쓰이며 봄에 부드러운 순과 잎을 나물로 먹으며 화단의 관상초로도 심는다. 꿀이 많아 밀원 식물(蜜源植物)로 쓰이며 한방 및 민간에서는 뿌리를 훤초(萱草)라 하여 이뇨, 황달 등의 약으로 사용한다.

화강암계, 반암계, 화강편마암계, 경상계, 편상화강암계 등의 토양에 잘 자란다.

분주법, 실생법, 종내 잡종법, 생태 육종법 등에 의하여 번식된다.

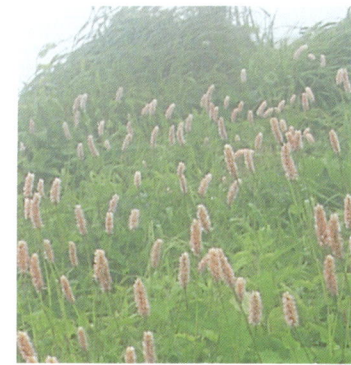

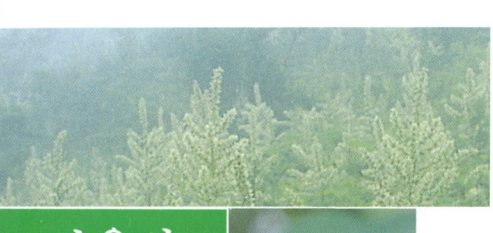

덕유산

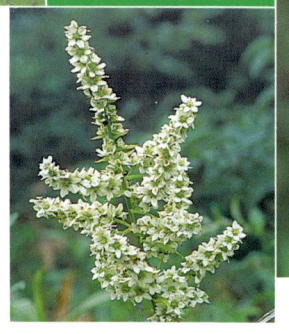

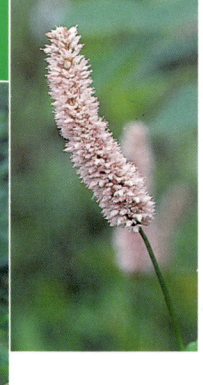

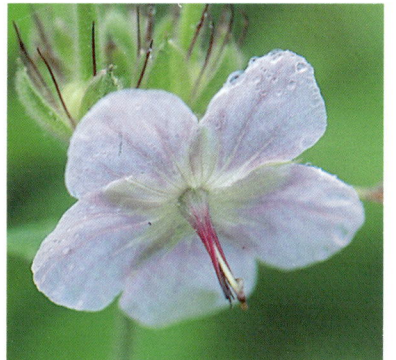

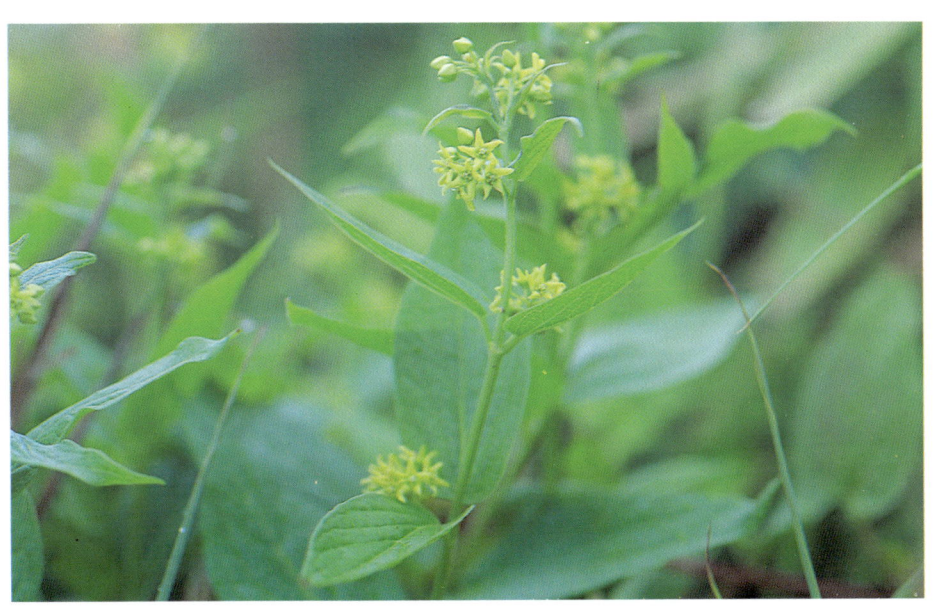

푸른백미 (학명) Cynanchum atratum Bunge. for. virdescens OHWI.

전국 심산 지역의 초원지에 자라는 박주가리과의 다년생 초본이다.

이들 대개는 높은 고산 지대의 정상 부근 풀밭에서 자라며 그다지 많이 분포한 종(種)은 아니므로 가끔 발견된다.

높이 50, 60센티미터 정도 자라고 가지가 갈라지지 않으며 잎과 더불어 털이 밀생한다. 잎은 마주나고 타원형이며 예두(銳頭)이고 밑이 둥글고 길이 6 내지 15센티미터, 너비 3 내지 10센티미터 정도로서 가장자리가 밋밋하다. 엽병(葉柄)은 길이 0.8 내지 1.2센티미터 정도이다.

5월에서 7월에 꽃이 피고 꽃은 녹색(綠色)이며 엽액(葉腋)에 모여서 달리고 화경(花梗)이 거의 없으며 소화경(小花梗)은 산형(傘形)으로 달리고 꽃보다 짧다. 꽃받침은 녹색으로서 5개로 갈라지며 잔털이 있고 피침형이며 화관통(花冠筒)보다 짧다. 화관(花冠)은 겉에 짧은 털이 드문드문 있거나 털이 없고 끝에서부터 3분의 2 정도까지 5개로 갈라진다. 열편(裂片)은 난상 긴 타원형이고 길이 0.6 내지 0.8센티미터로서 둔두(鈍頭)이며 부화관(副花冠)의 열편은 타원형이고 끝이 둥글다.

9월에 골돌(蓇葖)되고 골돌은 넓은 피침형이며 길이 7, 8센티미터, 지름 1.5센티미터 정도로서 잔털이 많이 나고 종자(種子)에 긴 백색 털이 있다.

관상용, 약용으로 쓰이며 화단의 관상초 및 민간에서 전초(全草)를 부인병, 중풍, 이뇨 등에 약으로 쓴다.

화강암계, 편상화강암계, 화강편마암계, 변성퇴적암계, 반암계 등의 토양에서 잘 자란다.

분주법, 삽목법, 생태 육종법, 계통 분리법, 종간 잡종법 등에 의하여 번식된다.

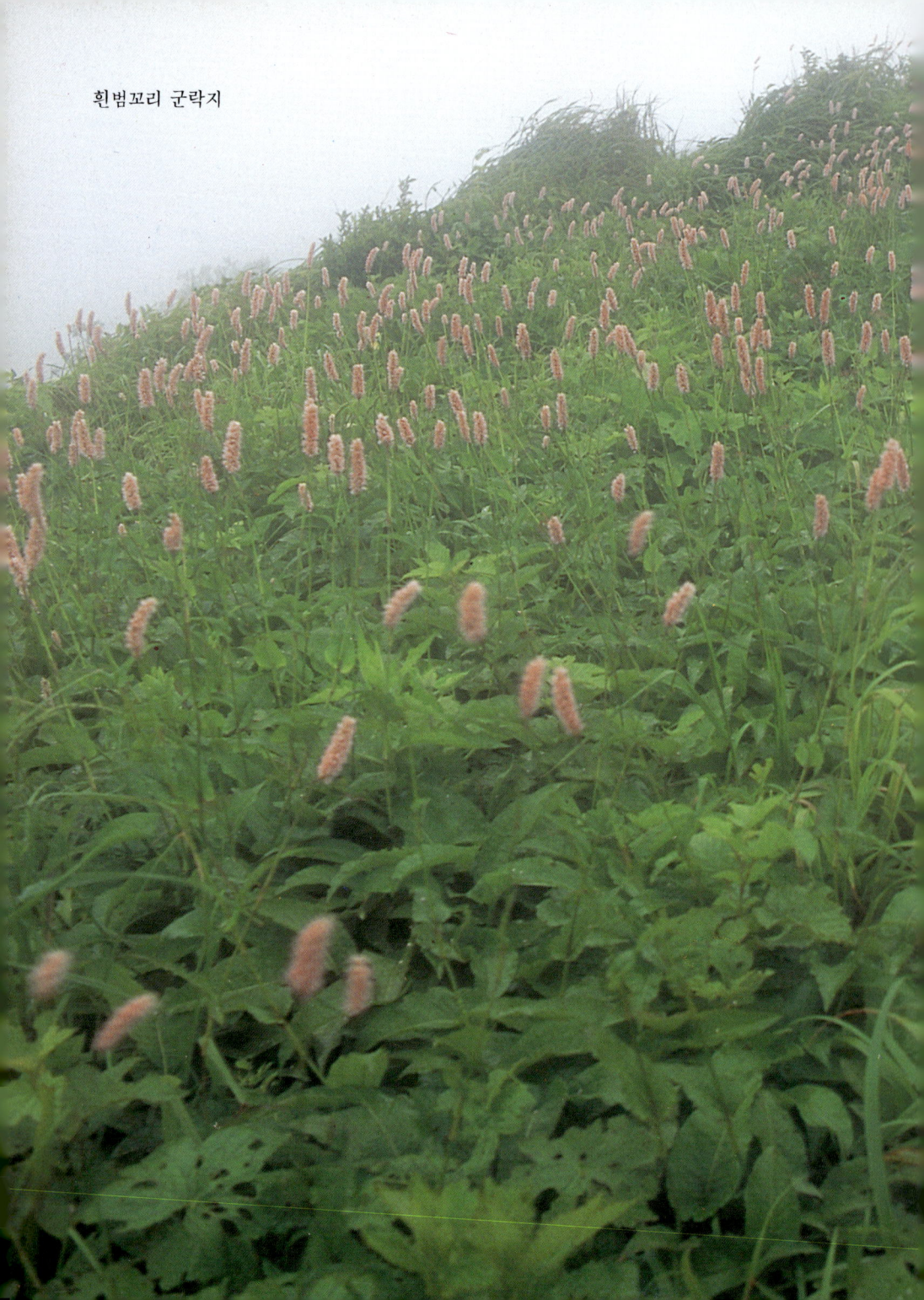

흰범꼬리 군락지

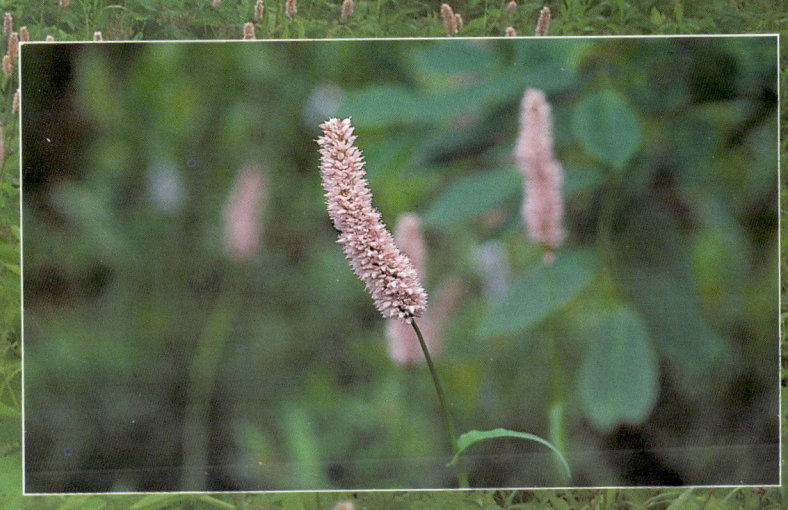

흰범꼬리 (학명) Bistorta incana Nakai.
심산 지역 평원(深山地域平原) 및 고산 지대 초원(高山地帶草原)에 많이 자라는 여뀌과
의 다년생 초본이다.
우리나라 중부 지방, 북부 지방의 높은 산 정상 부근의 풀밭이나 깊은 산골의 초원에
자라고 강원 지방의 대관령, 대암산 및 전라북도 덕유산 등 정상에 대군락지(大群落
地)가 있으며 대개는 모여 자란다.
높이 80센티미터 정도 자라고 잎 뒷면이 백색이고 털이 많이 난 것이 특이하다.
경생엽(莖生葉)은 엽병(葉柄)이 짧거나 거의 없으며 심장상(心臟狀) 피침형이고 끝이
뾰족하며 밑부분이 심장의 아랫모형(心臟底)이고 표면에 털이 없으며 뒷면은 백색
털이 밀생하여 은백색으로 된다. 원줄기를 둘러싸고 있는 초상(鞘狀)의 탁엽(托葉)
은 경생엽보다 2 내지 4센티미터 정도 길다. 6월에서 8월에 꽃이 피고 꽃은 연한 홍색
이 도는 백색이며 화경(花莖)의 높이는 80 내지 100센티미터 정도로 끝에 길이 2
내지 5센티미터 가량의 화서(花序)가 달린다. 화피(花被)는 깊게 5개로 갈라지며 열편
(裂片)은 난형이고 8개의 수술은 화피보다 약간 길며 암술대는 3개이며 화피보다
훨씬 길다. 10월에 수과(瘦果)되고 수과는 화피로 싸이며 3개의 능선(稜線)이 있다.
꿀이 많아 밀원 식물(蜜源植物)로 쓰인다.
경상계, 화강암계, 현무암계, 변성퇴적암계 등의 토양에 잘 자라며 분주법, 실생법
등에 의하여 번식된다.

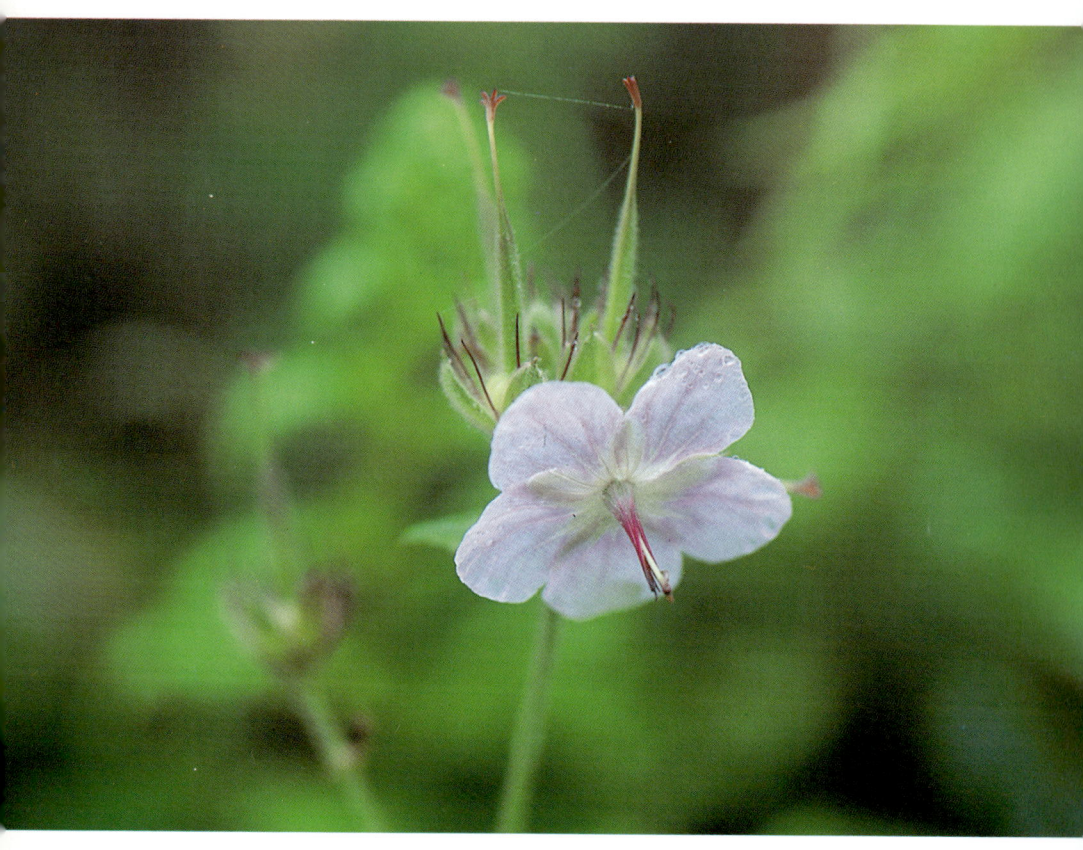

34 덕유산

털쥐손이풀 　(학명) Geranium eriostemon　Fisch.

　털쥐손, 털쥐손이, 털쥐소니, 부전쥐손이 등으로도 불리는 쥐손풀과의 다년생 초본이다.

　우리나라 중부 지방 및 북부 지방, 남부 지방 일부의 고산 지대(高山地帶) 풀밭에서 자라는 풀이다.

　대체로 경상북도 및 전라북도 덕유산, 경기도, 평안북도, 함경남북도의 낭림산맥(狼林山脈) 노봉(鷺峰) 및 백두산 관모봉(冠帽峰) 등의 고원지에 자라며 덕유산 정상 부근에 많이 자란다.

　높이 30 내지 50센티미터 정도 자라고 풀 전체에 퍼진 역모(逆毛)가 밀생(密生)하며 원줄기는 세로로 홈이 있고 윗부분에 선모가 있다. 근생엽(根生葉)은 엽병(葉柄)이 길며 밑부분의 잎과 더불어 5 내지 7각상(角狀) 원형이고 너비 8 내지 12센티미터 정도로서 5 내지 7개로 반(半) 또는 그 이상 갈라지며 표면에 복모(伏毛)가 있고 뒷면에 퍼진 털이 있다.

　열편(裂片)은 4각상(四角狀) 도란형으로서 끝이 뾰족하고 불규칙한 결각(缺刻)과 더불어 톱니가 있으며 탁엽(托葉)은 넓은 피침형이고 서로 떨어져 있다.

　7, 8월에 꽃이 피고 꽃은 지름 2.5 내지 3센티미터 정도로서 원줄기 끝에 10여 개가 산형(傘形)으로 달리고 소화경(小花梗)은 곧으며 퍼진 설모가 있다.

　꽃잎은 홍자색(紅紫色)이고 넓은 타원형으로서 맥(脈) 위에 선모 또는 복모(伏毛)가 있다. 수술대 밑부분에 긴 털이 나 있고 암술머리는 길이 0.3 내지 0.4센티미터 정도이다.

　10월에 삭과(蒴果)되며 삭과는 선형이며 암술대가 붙어 있다.

　약용으로 쓰이며 한방 및 민간에서 전초(全草)를 이질풀과 같이 산전 산후통, 대하증 등의 약으로 쓰인다.

　화강암계, 화강편마암계, 대동계, 섬록암계, 변성퇴적암계, 반암계 등의 토양에서 잘 자란다.

　분주법, 삽목법, 생태 육종법, 종간 잡종법, 계통 분리법 등에 의하여 번식된다.

박새   (학명) Veratrum graudiflornm   Loesn(fil).

우리나라 남부 지방, 중부 지방, 북부 지방의 고산 지대에 자라는 백합과의 다년생
초본이며 유독성 식물이다.

전라남북도, 제주도, 경상남북도, 강원도, 경기도, 충청남북도, 평안북도, 함경남북도
등의 심산 지역 숲속이나 고산지, 산 정상 부근, 초원지에 자란다.

높이 1 내지 1.5미터 정도로 자라고 대개 습지에 잘 자라며 보통 군집(群集)을 하고
근경(根莖)은 굵고 짧으며 밑에서 굵고 긴 수염뿌리가 사방으로 퍼진다.

원줄기는 곧게 자라며 줄기 속이 비어 있고 원주형(圓柱形)이다.

잎은 어긋나며 밑부분의 것은 엽초(葉鞘)만으로서 원줄기를 둘러싸고 중앙부의 것은
넓은 타원형으로서 세로로 주름이 지며 큰 것은 길이 30센티미터, 너비 20센티미터
이상이나 된다.

6월에서 8월에 꽃이 피고 꽃은 지름 2.5센티미터이며 연한 황백색의 꽃이 원줄기
끝의 원추 화서(圓錐花序)에 밀생(密生)하고 화서에 양털같이 고운 털이 많이 난다.
수꽃과 암꽃이 있으며 6개씩의 화피 열편(花被裂片)과 수술이 있다.

자방(子房)에 털이 있고 암술머리는 3개이다.

10월에 삭과(蒴果)되고 삭과는 난상 타원형이며 길이 2센티미터 정도로서 윗부분이
3개로 갈라진다.

관상용, 약용으로 쓰이며 화단의 관상초로 심고 한방 및 민간에서 뿌리를 고혈압,
강심, 중풍 등의 약으로 쓴다.

맹독성(猛毒性)이 함유된 식물이기 때문에 함부로 쓸 수 없다.

화강암계, 화강편마암계, 경상계 등의 토양에 잘 자란다.

계통 분리법, 분주법, 실생법, 종간 잡종법, 생태 육종법 등에 의하여 번식된다.

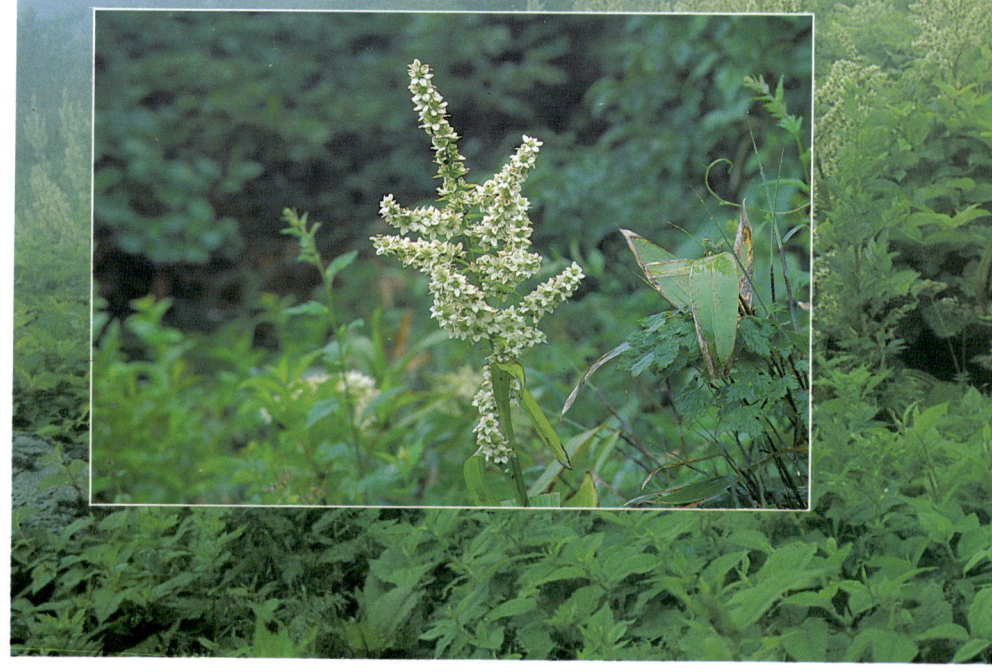

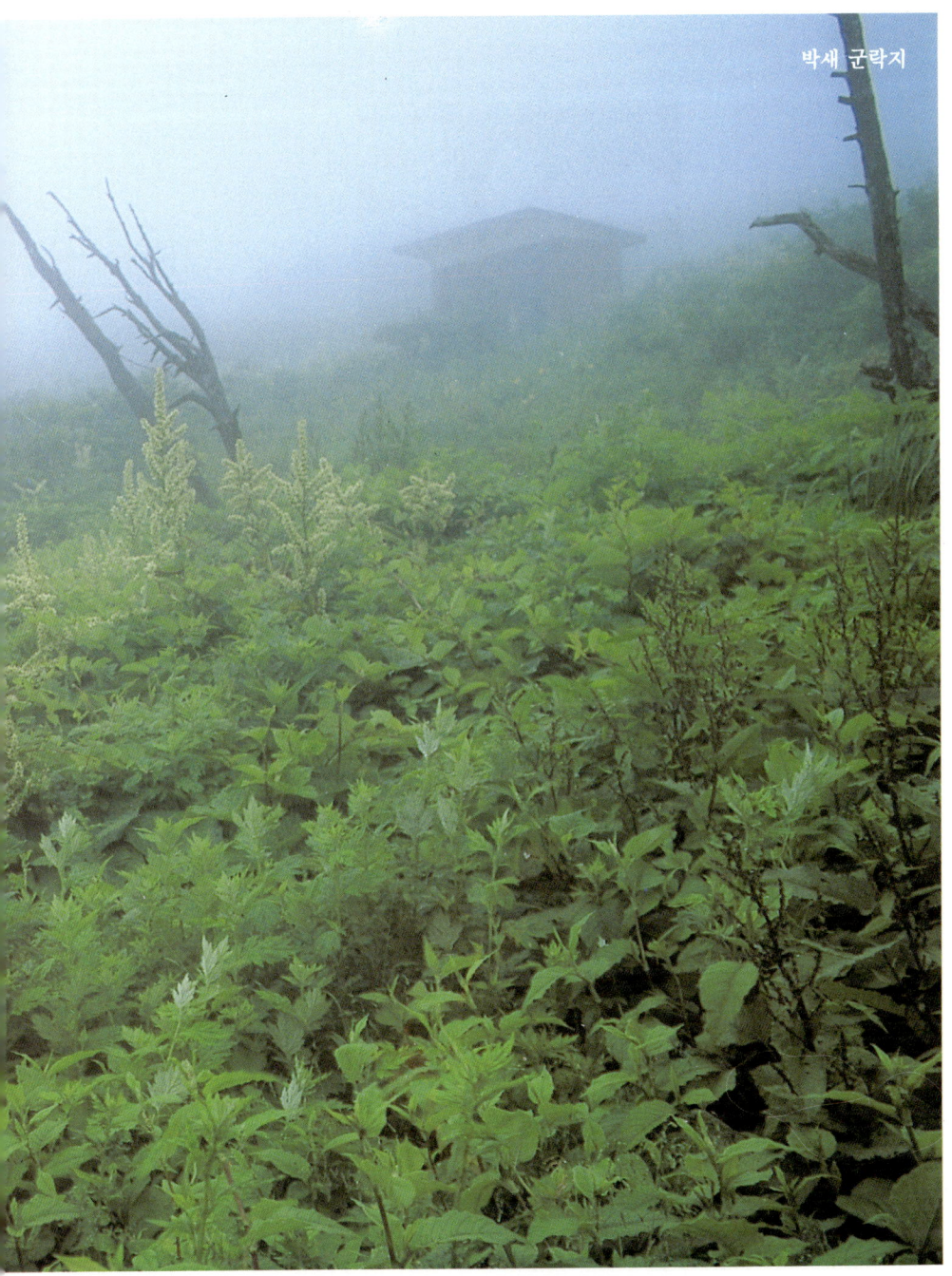

박새 군락지

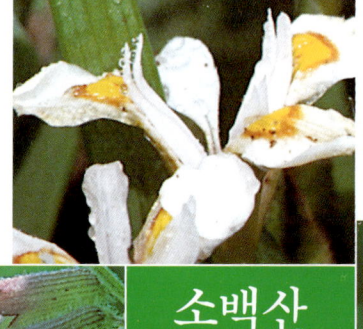

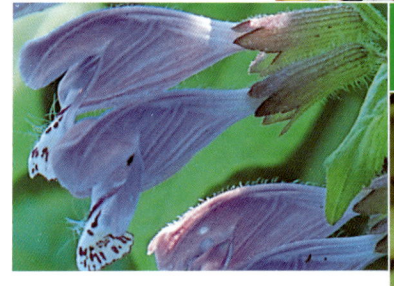

소백산

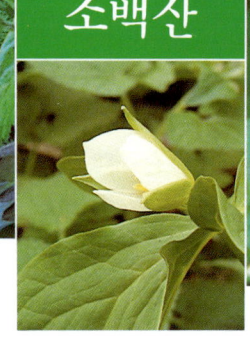

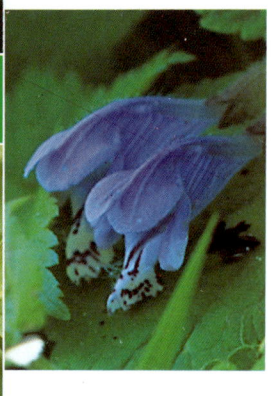

연령초 (학명) Trillium Kamtschaticum PALL.

연영초라고 쓰기도 하며 고산 지대의 숲속 음지에 자라는 백합과의 다년생 초본이며 유독성 식물이다.

우리나라 중부 지방, 북부 지방의 높은 산 또는 심산 지역의 숲속에 자란다. 경상북도 울릉도, 소백산, 강원도 태백산, 오대산, 금강산, 평안북도, 함경남도 등의 고산지(高山地) 정상 부근의 숲에 자란다.

근경(根莖)은 짧고 굵으며 땅속 깊이 들어가고 원줄기는 높이 20 내지 40센티미터 정도 자란다. 줄기 끝에서 엽병(葉柄)이 없는 잎 3개가 윤생(輪生)하며 잎은 넓은 난형으로 능형(菱形) 비슷하고 길이와 너비가 각각 7 내지 17센티미터 정도로서 가장자리가 밋밋하며 끝이 뾰족하고 3 내지 5맥(脈)이 있다.

5, 6월에 꽃이 피고 꽃은 윤생한 잎 중앙에서 1개의 화경(花梗)이 나와 끝에 1개의 백색 꽃이 달린다. 꽃받침은 3개이며 넓은 피침형 또는 긴 타원형이고 길이 2.5 내지 4센티미터 정도로서 녹색이다. 꽃잎은 백색이고 난형 또는 타원형이며 길이 2.5 내지 4.5센티미터 정도이다.

꽃잎 끝이 둔두(鈍頭)이고 수술은 6개이며 꽃밥은 길이 1 내지 1.5센티미터로서 선형(線形)이고 수술대는 길이 0.3 내지 0.5센티미터이다.

자방(子房)은 원추형이고 암술대는 3개이다.

8월부터 삭과(蒴果)되고 삭과는 지름 1.5센티미터 정도로서 둥글다.

관상용, 약용에 쓰이며 화단의 관상초로 심고 한방 및 민간에서 뿌리를 위장약, 통경 등의 약으로 쓰며 농약(農藥)의 원료로도 쓰인다. 맹독 성분(猛毒性分)이 들어 있어 함부로 사용해서는 안 된다.

화강편마암계, 경상계, 변성퇴적암계 등의 토양에 잘 자란다.

분주법, 생태 육종법, 종간 잡종법, 계통 분리법 등에 의하여 번식된다.

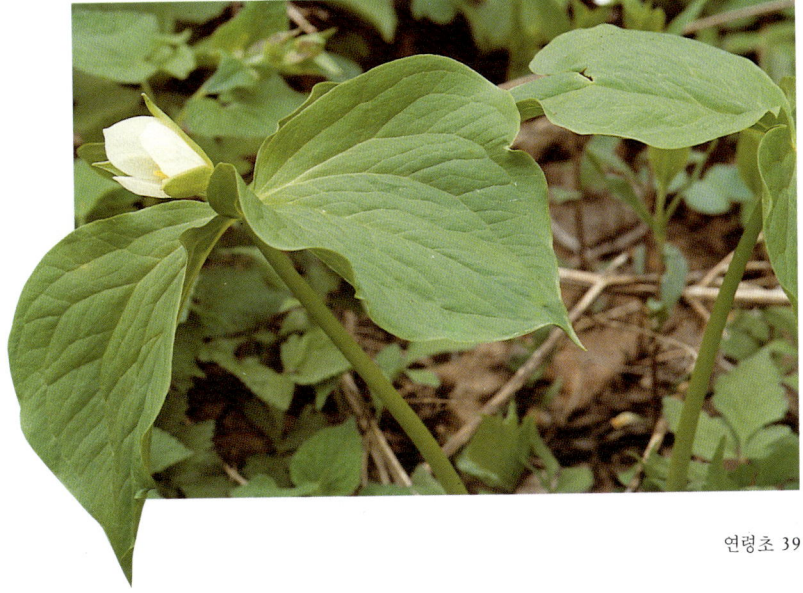

노랑무늬붓꽃 (학명) Iris odaesanensis. Y LEE.

우리나라 식물 분류 학자 이영노 박사께서 발견하여
명명된 심산 지역(深山地域)의 숲속 및 초원에 자라는
붓꽃과의 다년생 초본이다. 한국 특산 식물로서 우리
나라 중부 지방, 강원도, 오대산, 태백산, 충청북도,
경상북도의 소백산 등지에 분포하며 대개는 깊은
산 숲속 그늘이나 또는 표고(標高) 1,500미터의 숲속
정상 초원지에 자란다.

높이 20센티미터 정도 자라고 금붓꽃과 비슷하지만
잎이 약간 크며 너비도 2배 정도 크다. 대개는 산록
(山麓) 양지(陽地)에서 자라나 건조한 곳이나 습한
곳에서도 자라며 근경(根莖)은 가늘며 옆으로 길게
뻗고 원줄기가 드문드문 나온다.

근경에서 자란 잎은 길이 35센티미터, 너비 1.5센티미
터 정도로서 10 내지 15맥(脈)이 있으며 밑부분이
화경(花莖)을 둘러싸고 겉에 마른 잎이 남아 있으며
꽃이 핀 다음 자라서 화경보다 길어지고 화경에 달려
있는 잎은 짧다.

5, 6월에 꽃이 피고 꽃은 지름 2 내지 2.5센티미터
정도로서 꽃받침은 백색 바탕에 안쪽으로 황색의
아름다운 무늬가 나 있으며 꽃받침잎은 도란형이고
꽃잎은 타원형으로서 끝이 파지고 곧게 서며 백색이
다. 포(苞)는 피침형이다.

7월에 삭과(蒴果)되고 삭과는 대개 둥글고 자방(子
房)은 긴 타원상 방종형(紡錘形)이고 암술머리는 뒤로
젖혀지고 뾰족하며 옆에 줄이 있다.

관상용, 약용으로 쓰이며 화단의 관상초 및 한방과
민간에서 뿌리를 인후염, 폐렴 등의 약으로 쓴다.

화강암계, 반암계, 화강편마암계, 변성퇴적암계, 경상
계 등의 토양에 잘 자란다.

분주법, 실생법, 종간 잡종법, 생태 육종법 등에 의하
여 번식된다.

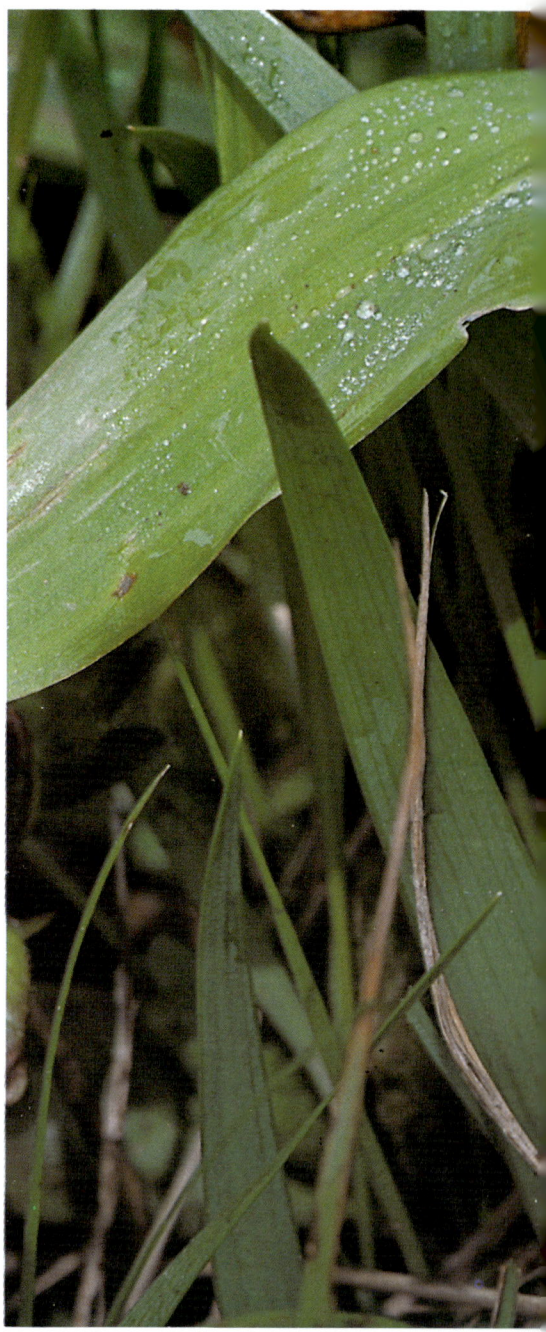

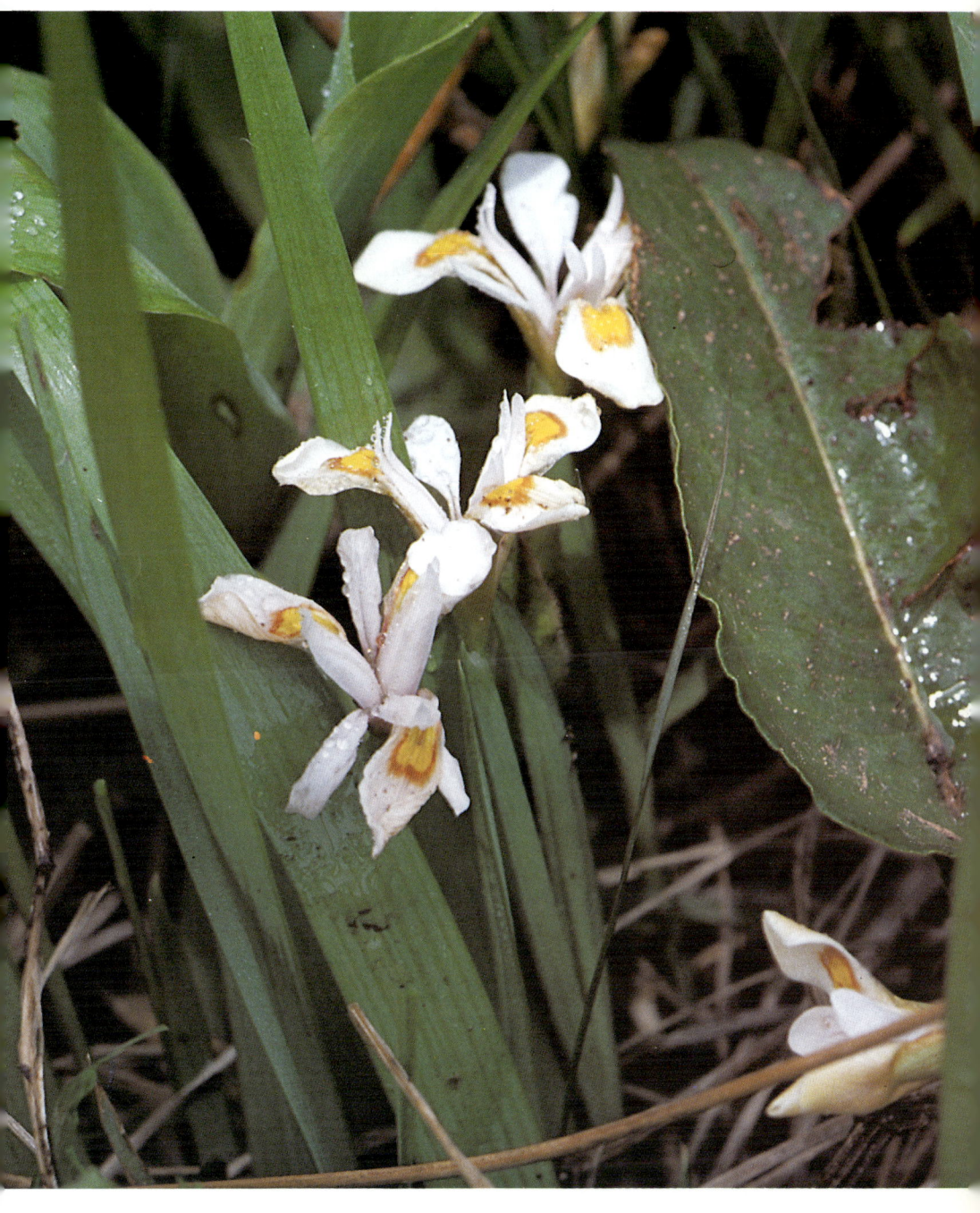

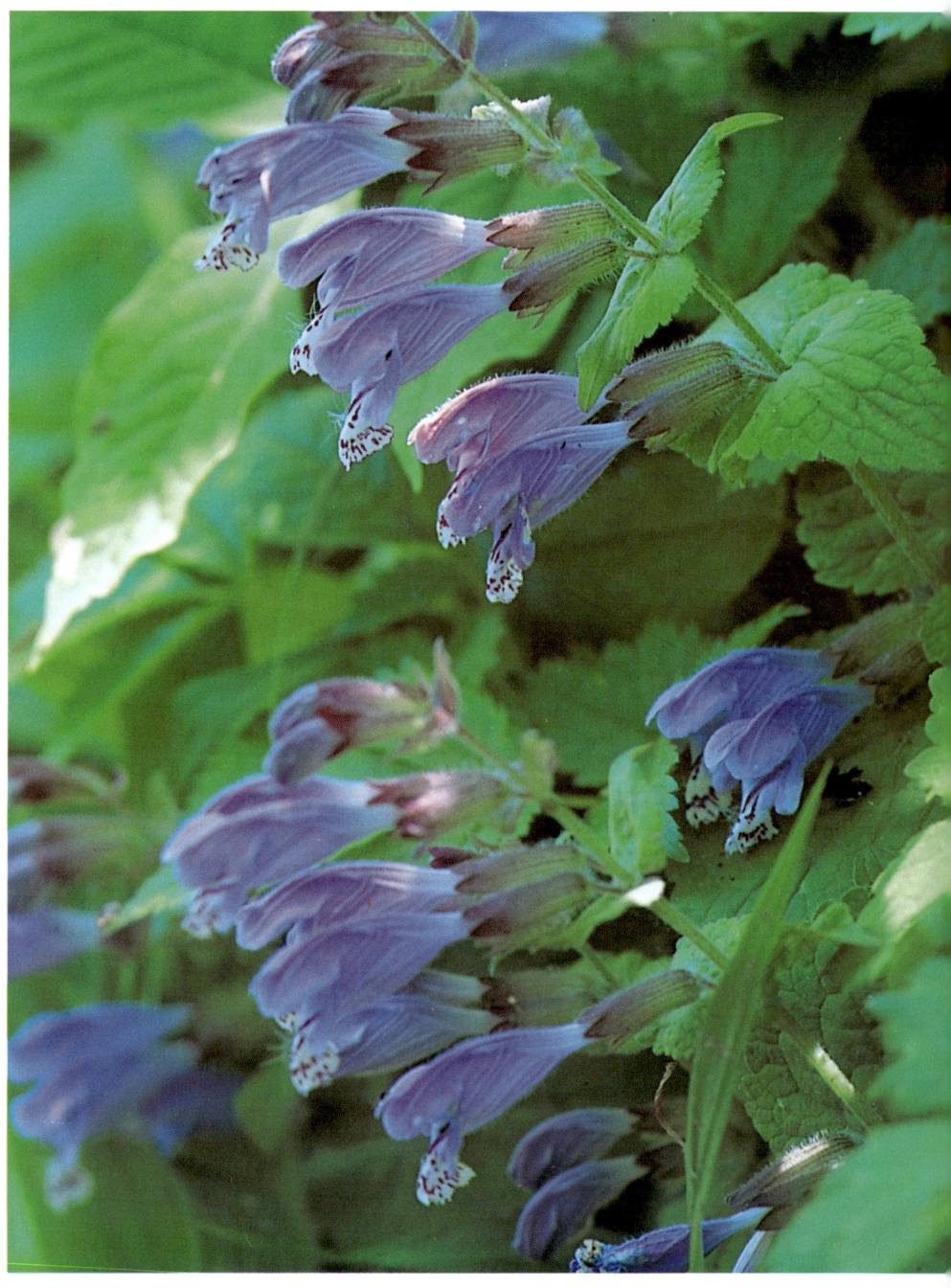

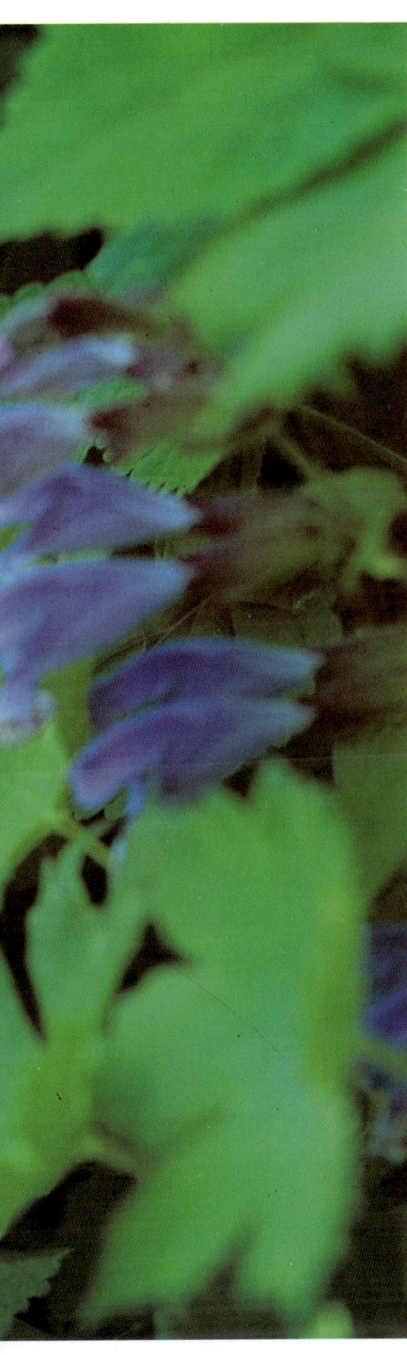

벌깨덩굴 (학명) Meehania urticifolia(Miq) MAKINO.

전국의 심산 지역 숲속이나 초원에 자라는 꿀풀과의 다년생
초본이며 방향성 식물(芳香性植物)이다. 대개는 중부 지방에
많이 분포하며 낮은 지대에서부터 표고(標高) 1,500미터 정도
의 높은 지대 산 정상 부근 숲속의 음지(陰地)에서 잘 자란다.
원줄기는 4각형(四角形)이며 긴 털이 드문드문 있고 옆으로
뻗으면서 마디에서 뿌리가 내려 다음해의 화경(花莖)으로 되며
높이 15 내지 40센티미터 정도 자란다.

줄기에 5쌍 정도의 잎이 달리며 잎은 대생(對生)하고 잎자루가
있으며 삼각상(三角狀) 심장형 또는 난상 심장형이고 끝이 뾰족
하며 가장자리에 둔한 톱니가 있고 길이 2 내지 5센티미터,
너비 2 내지 3.5센티미터 정도이다. 덩굴의 잎은 지름이 10센티
미터 되는 것도 있으며 윗부분의 잎은 엽병(葉柄)이 없다.

5, 6월에 꽃이 피고 화경 윗부분의 엽액(葉腋)에 큰 순형화(脣
形花)가 한쪽을 향하여 4, 5개 정도 달리며 꽃받침은 길이 1
센티미터 정도로서 끝이 5개로 갈라진다. 화관(花冠)은 자줏빛
이 나며 길이 4, 5센티미터 정도이고 통부(筒部)가 길고 갑자기
부풀며 아래쪽 꽃잎의 중앙 열편(中央裂片)은 특별히 크고 측열
편(側裂片)과 더불어 짙은 자주색의 반점(班點)이 있으며 긴
백색 털이 있다.

4개의 수술 가운데 2개가 길고 꽃의 통부에도 작은 털이 많이
난다.

8월에 수과(瘦果)되고 분과는 좁은 도란형이며 길이 0.3센티미
터 정도로서 잔털이 드문드문 나 있다.

약용, 식용, 밀원용으로 쓰이며 부드러운 순과 어린잎을 나물로
먹는다.

민간에서 줄기를 대하증, 강장 등에 약으로 쓰며 꿀이 많아
밀원 식물(蜜源植物)로 쓴다.

화강암계, 현무암계, 화강편마암계, 편상화강암계, 변성퇴적암
계, 경상계, 반암계 등의 토양에 잘 자란다.

분주법, 삽목법, 실생법, 종간 잡종법, 생태 육종법, 계통 분리법
등에 의해 번식된다.

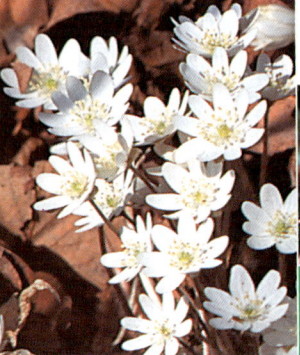

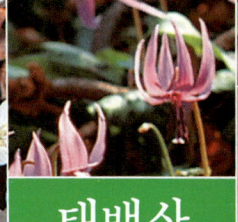

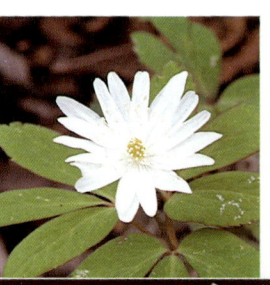

태백산

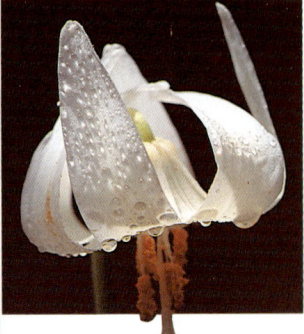

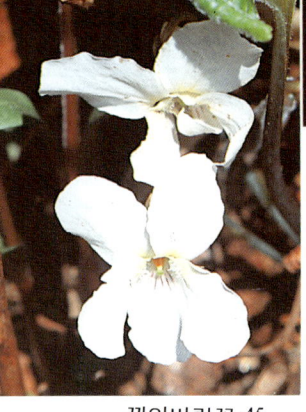

꿩의바람꽃 (학명) Anemone raddeana REGEL.

우리나라 중부 지방, 북부 지방의 산지 수림(山地樹林) 아래에서 자라는 미나리아재비과의 다년생 초본이며 유독성 식물(有毒性植物)이다.

대개는 중부 이북 지방에 분포하고 경기도 및 태백 산맥의 등줄기를 따라 북쪽 심산 지역 또는 높은 지대 표고 1500미터 정도의 산 정상 부근 숲속 등에서 자란다.

높이 25센티미터 안팎으로 자라고 근경(根莖)은 육질(肉質)이고 굵다. 길이 1.5 내지 3센티미터 정도로서 방추형(紡錐形)이며 옆으로 자라고 선단(先端)에 막질(膜質)의 인편(鱗片)이 몇 개 있다.

근생엽(根生葉)은 꽃이 쓰러진 다음 자라며 길이 4 내지 15센티미터 정도의 엽병(葉柄)이 있고 2회 3출엽이며 총포엽(總苞葉)은 3개이고 짧은 엽병이 있다.

소엽(小葉)은 긴 타원형이며 길이 1.5 내지 3.5센티미터, 너비 0.5 내지 1.5센티미터 정도로 끝이 둔하고 윗부분에 불규칙하고 둔한 톱니가 있으며 3개로 깊게 갈라진다.

4, 5월에 꽃이 피고 꽃은 백색이며 지름 3, 4센티미터 정도, 화경(花莖)은 높이 15 내지 25센티미터 정도로서 처음에는 긴 털이 있으며 화경(花梗)은 길이 2, 3센티미터 정도로서 끝에 1개의 꽃이 달린다. 꽃받침잎은 8 내지 13개이며 꽃잎같이 보이고 긴 타원형이고 끝이 둔하며 길이 2센티미터 정도로서 백색이지만 겉은 연한 자줏빛을 띤다.

꽃밥은 타원형이고, 길이 0.1센티미터 정도이며 자방(子房)은 잔털이 있다. 8월에 수과(瘦果)되고 관상용 등에 쓰인다. 화강암계, 화강편마암계, 변성퇴적암계 등의 토양에 비교적 잘 자라며 종자 재배법, 종내 잡종법, 생태 육종법, 분주법 등에 의하여 번식이 이루어진다.

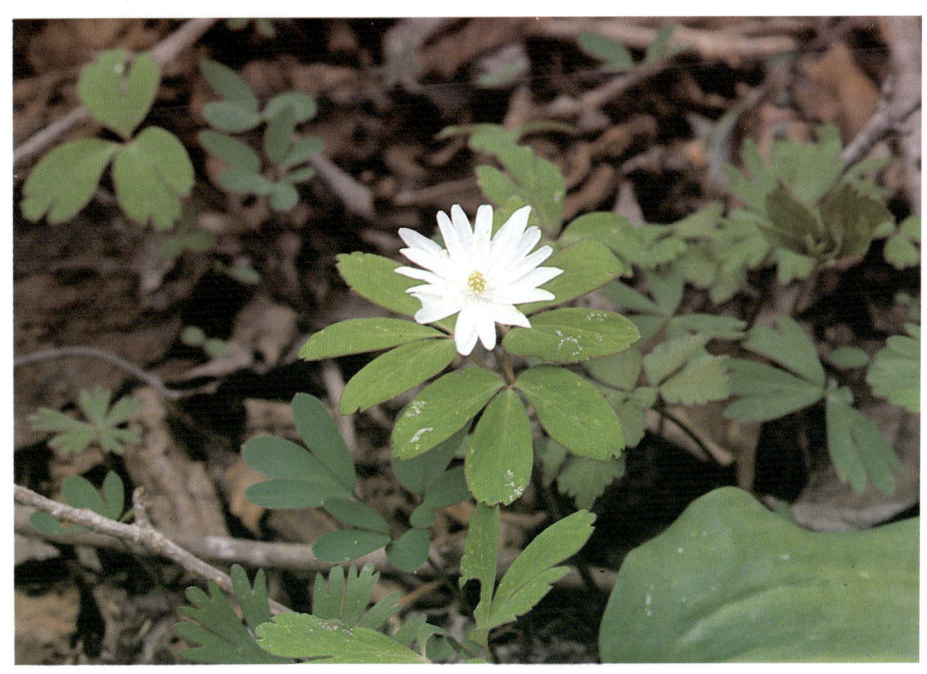

얼레지 (학명) Erythronium japonicum Decais.

가제무릇이라 불리기도 하는 심산 지역의 숲에 자라는 백합과의 다년생 초본이다.

우리나라 제주도 및 본토(本土)의 깊은 산 숲속에나 고산 지대의 숲속 음지에 자라는 풀이다. 낮은 곳에도 자라며 표고(標高) 1,500미터의 산 정상 부근 숲속 초원에도 많이 자란다. 근래에 필자에 의하여 흰꽃이 피는 얼레지가 발견되었다.

높이 25센티미터 정도 자라고 대개는 토질이 비옥한 땅에 잘 자라며 인경(鱗莖)은 땅속 25 내지 30센티미터 정도로 깊게 들어 있다. 모양은 한쪽으로 굽은 피침형에 가까우며 길이 6센티미터, 지름 1센티미터 정도이다.

이른봄에 높이 25센티미터의 화경(花莖)이 나오고 그 밑부분에 2개의 잎이 지면(地面) 가까이에 달린다.

잎은 엽병(葉柄)이 있으며 좁은 난형이나 긴 타원형이고 둔두(鈍頭) 또는 예두(銳頭)이며 길이 6 내지 12센티미터, 너비 2.5 내지 5센티미터 정도로서 가장자리가 밋밋하지만 약간 주름이 지고 표면은 녹색 바탕에 자주색의 무늬가 나 있다.

4월에서 6월에 꽃이 피고 화경 끝에 1개의 꽃이 밑을 향해 달리며 꽃잎은 6개이고 피침형이며 길이 5, 6센티미터, 너비 0.5 내지 1센티미터 정도로서 뒤로 둥글게 말린다. 자주색이지만 꽃잎 안쪽 밑부분에 같은 색의 W자형(字形)의 무늬가 나 있다. 수술은 6개이며 길이가 서로 같지 않고 꽃밥은 자주색(紫朱色)이며 길이 0.6 내지 0.8센티미터로서 넓은 선형(線形)이고 암술 머리는 3개로 갈라진다.

7월에 삭과(蒴果)되며 삭과는 넓은 타원형 또는 구형(球形)이며 3개의 능선(稜線)이 있다.

식용, 관상용, 공업용, 약용으로 쓰인다. 봄에 부드러운 잎과 꽃을 나물로 먹으며 관상초로 심고 인경 및 줄기는 녹말의 재료로 쓰인다. 민간에서 인경을 강장, 건위 등의 약으로도 쓴다.

화강암계, 반암계, 현무암계, 화강편마암계, 편상화강암계, 분암계, 경상계 등에 잘 자라며 인경 재배법, 생태 육종법, 종내 육종법 등에 의하여 번식된다.

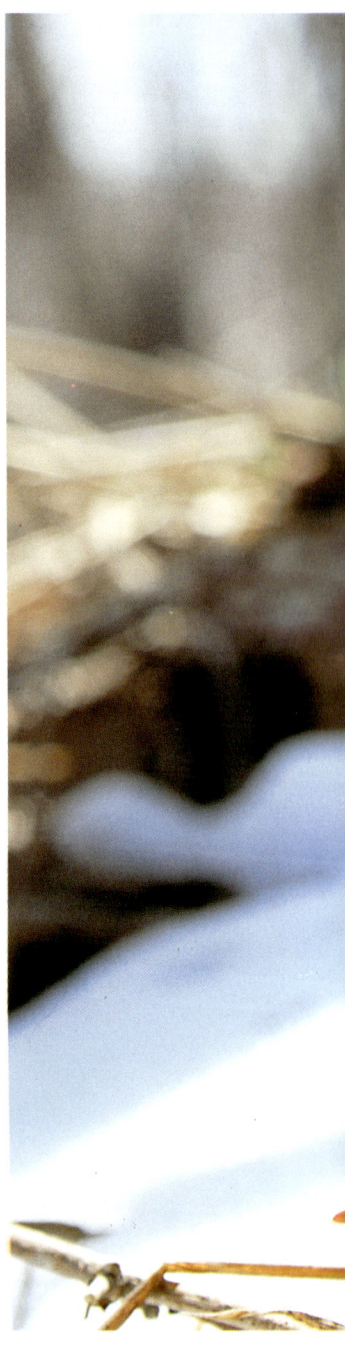

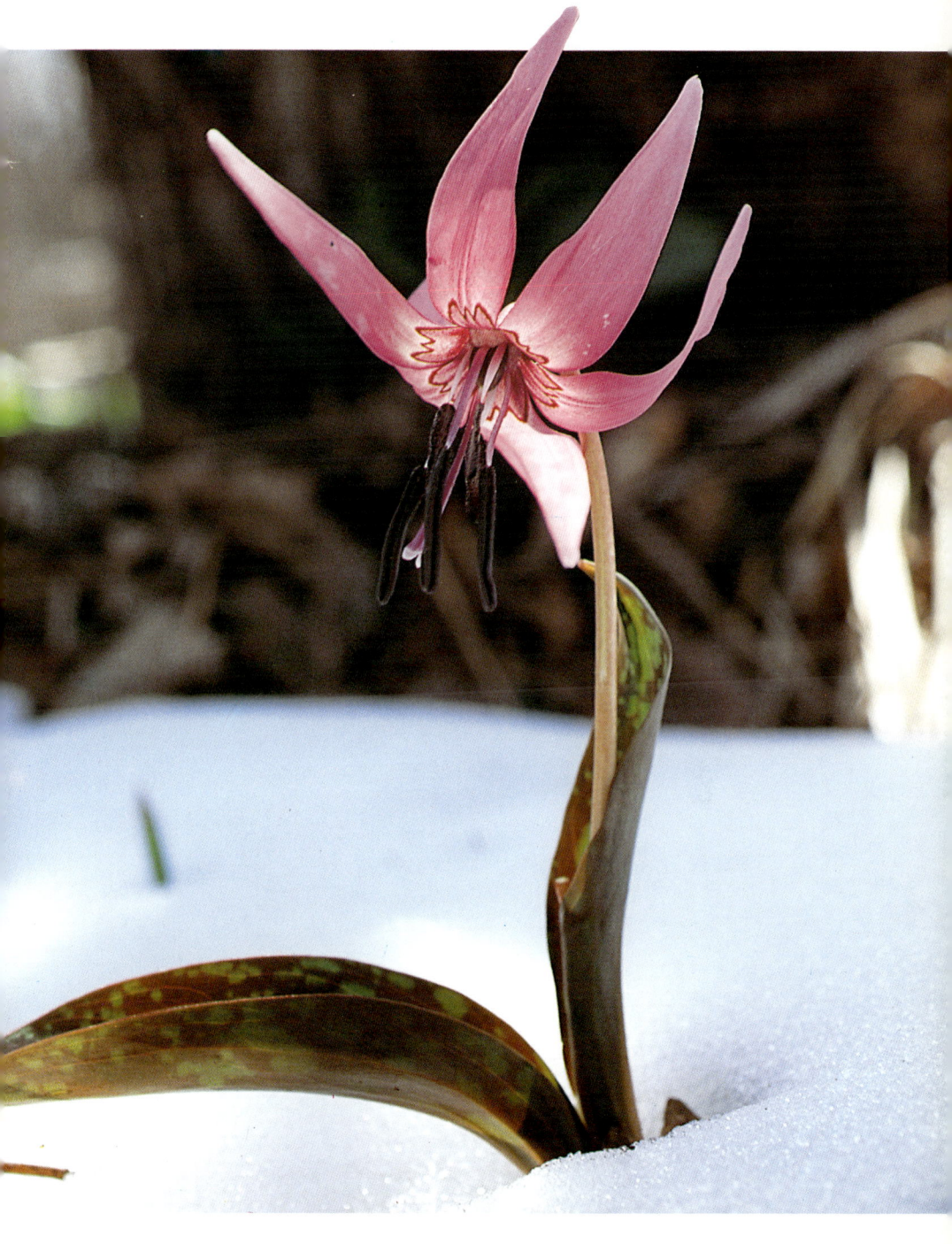

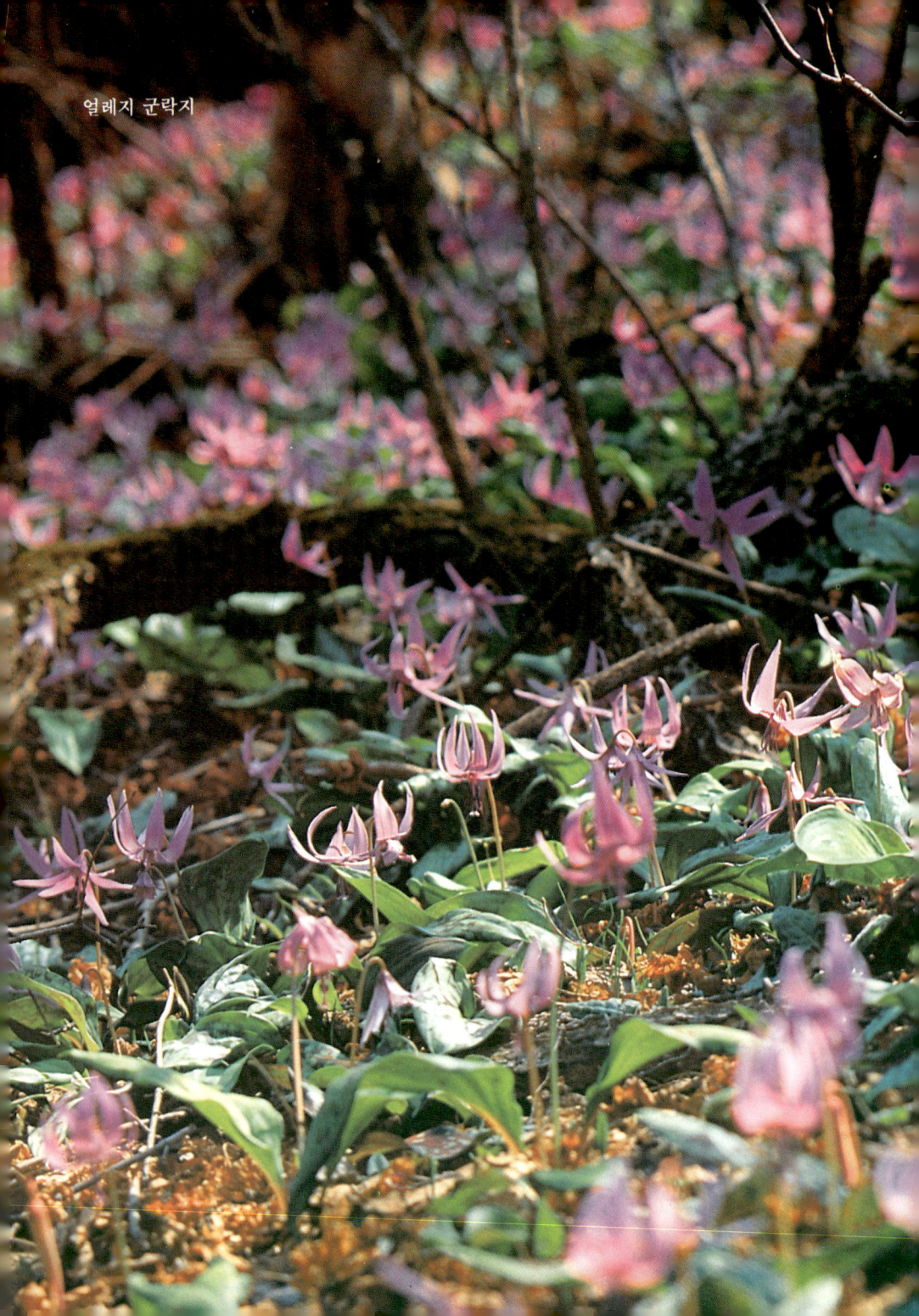

얼레지 군락지

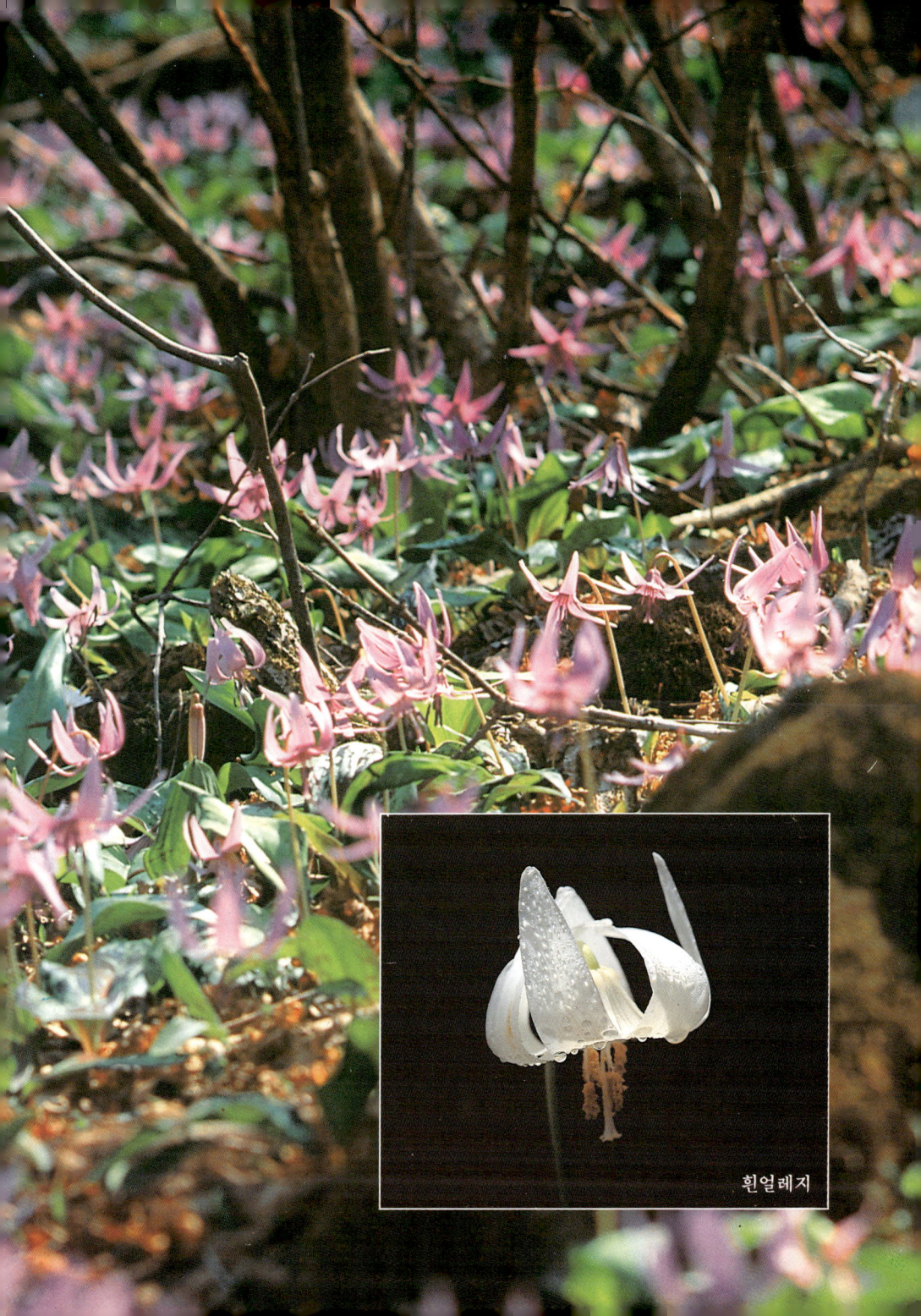

흰얼레지

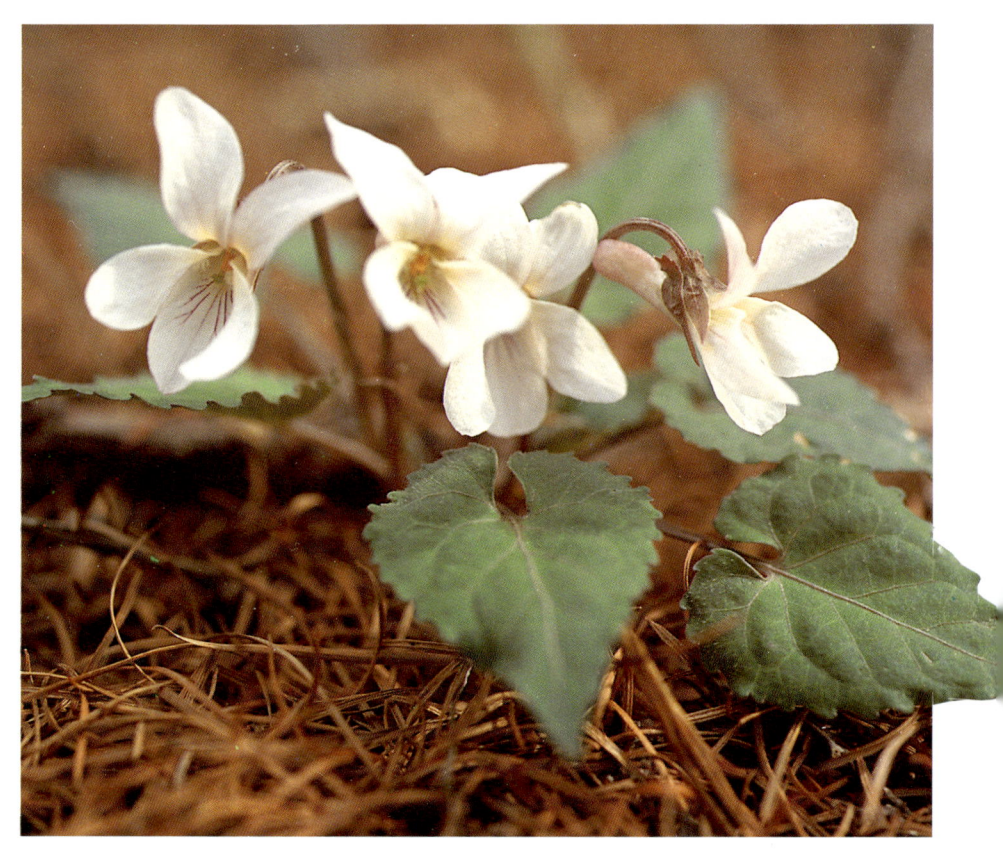

태백제비꽃 (학명) Viola albida palib.

심산 지역의 숲속에 자라는 제비꽃과의 다년생 초본이다.

우리나라 중부 지방 태백산을 중심으로 하여 깊은 골짜기에 자라는 풀이다.

대개는 계곡 숲속 그늘에 자라고 태백산의 정상 부근에도 자란다.

높이 20센티미터 정도 자라고 뿌리가 여러 갈래로 갈라지고 뿌리에서 잎이 총생(叢生)하며 잎자루가 길다.

잎은 삼각상(三角狀) 난형(卵形)이고 예두 심장저(銳頭心臟底)이며 꽃이 핀 다음에 자라서 전체의 높이가 25센티미터에 달하는 경우도 있다. 길이 4.5 내지 12센티미터, 너비 2.5 내지 10.5센티미터 정도로서 털이 없으며 가장자리에 약간 안쪽으로 꼬부라진 톱니가 있으며 엽병(葉柄)에 좁은 날개가 약간 있다.

4, 5월에 꽃이 피고 꽃은 백색이며 잎 사이에서 긴 화경(花梗)이 나와 그 끝에 꽃이 1개씩 달리며 중앙부에서 선상(線狀)의 포(苞)가 2개씩 대생(對生)한다.

꽃받침잎은 5개이고 피침형으로 끝이 뾰족하며 꽃잎도 5개이고 측판(側瓣)에 털이 있으며 거(距)는 원주형(圓柱形)이고 약간 길며 수술은 5개, 암술대는 1개이다.

꽃받침은 5개로 갈라지고 피침형이며 예첨두(銳尖頭)이다.

6월에 삭과(蒴果)되고 삭과는 난상 타원형이며 3개로 갈라져서 많은 종자(種子)가 나온다.

식용, 약용, 관상용으로 쓰이며 부드러운 잎을 나물로 먹으며 화단에 관상초로 심고 한방과 민간에서 전초(全草)를 장기능 촉진, 유아 발육 촉진 등의 약으로 쓴다.

화강암계, 화강편마암계, 변성퇴적암계 등의 토양에 잘 자라며 분주법, 근재생법, 종간 잡종법, 종자 촉성 발아 재배법 등에 의하여 번식된다.

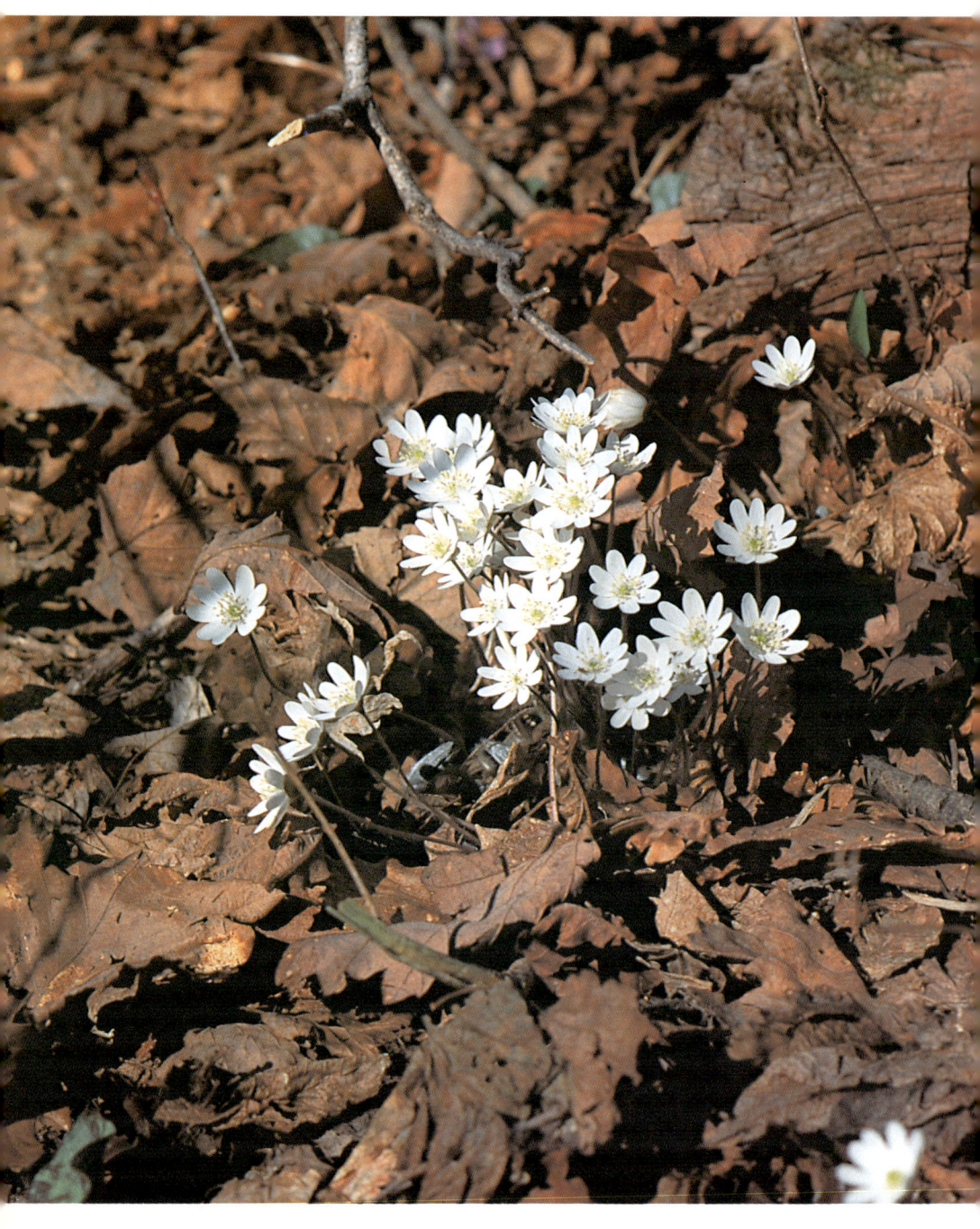

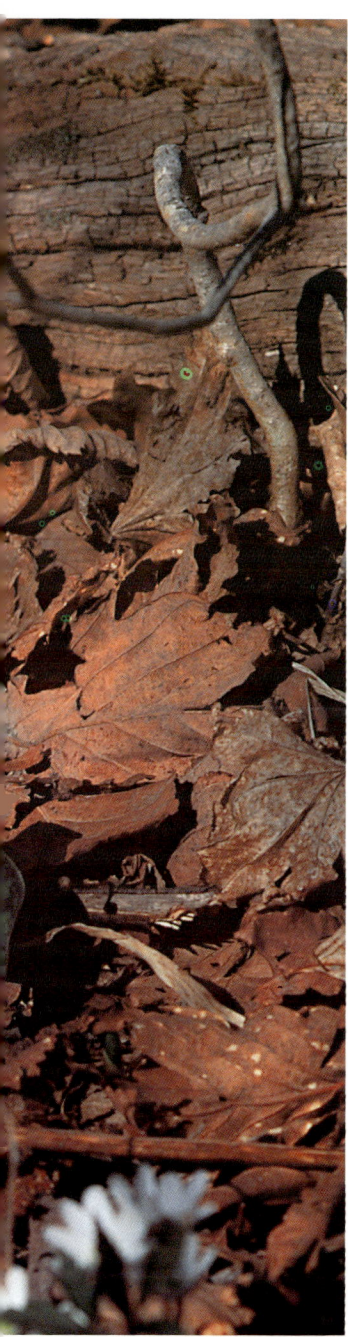

노루귀 （학명） Hepatica asiatica Nakai.

심산 지역의 숲속에 자라는 미나리아재비과의 다년생 초본이며 유독성 식물(有毒性植物)이다.

우리나라 제주도 및 남부 지방, 중부 지방, 북부 지방의 깊은 계곡 숲속에 자라고 또한 표고(標高) 1,500미터 이상의 산 정상 부근의 숲속 그늘에도 잘 자라는 풀이며 한라산, 지리산, 태백산, 오대산, 설악산 등지의 산록(山麓) 숲속에 많이 자란다.

높이 10센티미터 정도 자라고 근경(根莖)은 비스듬히 자라며 많은 마디에서 잔뿌리가 사방으로 퍼져 난다.

잎은 모두 뿌리에서 돋아나고 긴 잎자루가 있어 사방으로 퍼지며 심장형(心臟形)이고 가장자리가 3개로 갈라진다.

중앙 열편(中央裂片)은 삼각형(三角形)이며 양쪽 열편과 더불어 끝이 뾰족하고 이른봄 잎이 나올 때는 말려서 나오며 털이 돋은 모습이 마치 노루의 귀와 같은 모형이라 하여 노루귀란 이름이 붙게 되었다.

4, 5월에 꽃이 피고 꽃은 잎이 나오기 전에 먼저 피며 지름 1.5센티미터 정도로서 백색 또는 연분홍색이다. 화경(花梗)은 길이 6 내지 12센티미터 정도로서 긴 털이 많이 나며 끝에 1개의 꽃이 위를 향하여 접시 모형으로 핀다. 총포(總苞)는 3개로 난형이며 길이 0.8센티미터, 너비 0.4센티미터로서 녹색이고 백색(白色) 털이 밀생하며 꽃받침잎은 6 내지 8개이고 긴 타원형이며 꽃잎같이 보인다.

이 꽃은 꽃잎이 없고 꽃잎같이 보이는 것이 꽃받침잎이며 수술과 암술은 많으며 황색이고 자방(子房)에 털이 있다. 8월에 수과(瘦果)되고 수과는 여러 개이며 퍼진 털이 있고 밑에 총포가 있다. 관상용, 약용으로 쓰이며 화분에 관상초로 심고 민간에서 뿌리를 진통, 충독 등의 약으로 쓴다.

현무암계, 화강암계, 화강편마암계, 변성퇴적암계 등의 토양에 잘 자란다. 분주법, 종자 재배법, 종간 잡종법, 생태 육종법 등에 의하여 번식된다.

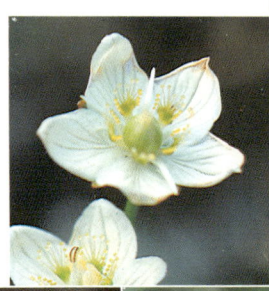
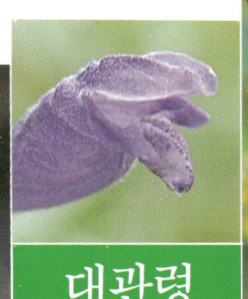
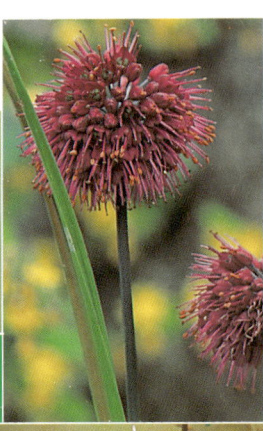

대관령

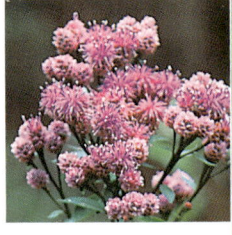
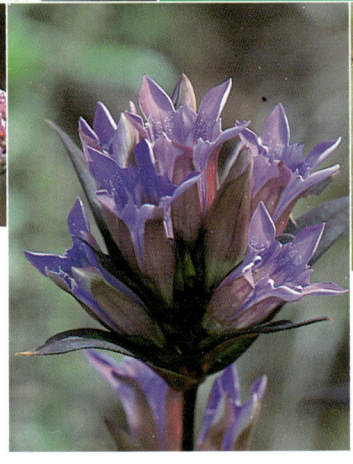
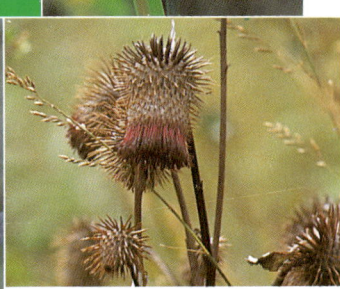

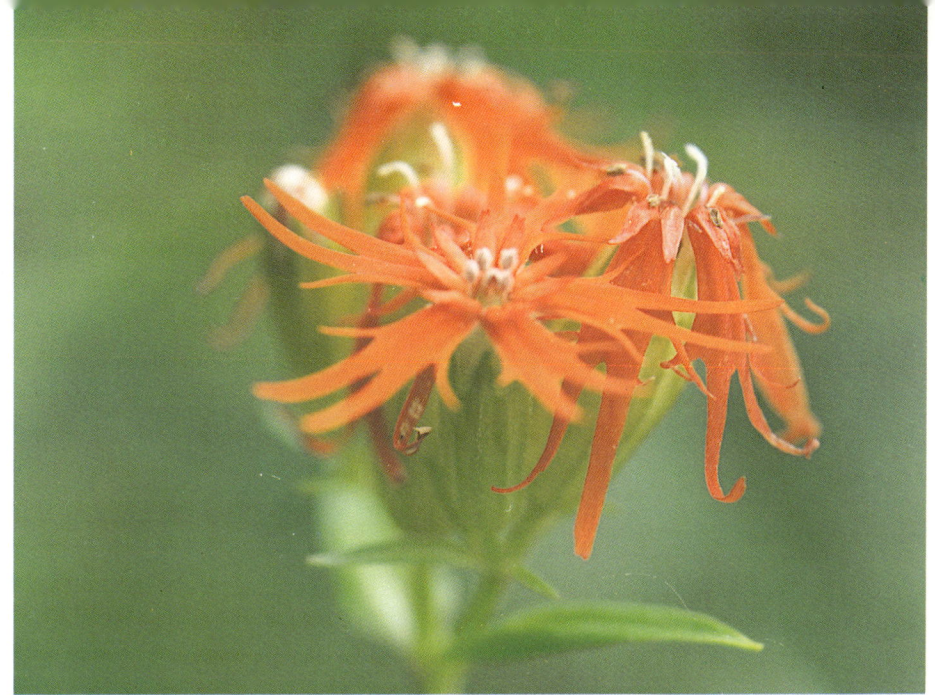

제비동자꽃 (학명) Lychnis wilfordi Max.

심산 지역의 습원지(濕原地) 등에 자라는 석죽과의 다년생 초본이다.

우리나라 중부 지방 및 북부 지방의 고산 지대 초원에 자라며 강원도 대관령 및 강원 북부 휴전선 고지대, 함경남도, 백두산 등지의 표고(標高) 1,000미터 이상의 고산 습원지(高山濕原地)에 많이 자란다. 높이 50센티미터 정도 자라고 털이 없거나 적게 난다.

잎은 마주나고 엽병(葉柄)이 없고 피침형이며 끝이 뾰족하고 밑부분이 대개 둥글며 길이 3 내지 7센티미터, 너비 1, 2센티미터 정도로서 가장자리에 털이 나 있다.

7, 8월에 꽃이 피고 꽃은 짙은 홍색이며 원줄기 끝이 2개로 갈라진 취산 화서(聚繖花序)에 달린다.

포(苞)는 옆으로 퍼지는데 선형 또는 피침형이며 길이 0.5센티미터 안팎이고 소화경(小花梗)은 길이 0.3 내지 1센티미터로서 황갈색의 털이 있다. 꽃받침은 원통형(圓筒形)이며 길이 1.5센티미터로서 털이 없고 끝이 5개로 갈라지며 열편(裂片)은 삼각상 침형(三角狀針形)이다.

꽃잎은 5개이며 수평으로 퍼지고 퍼진 부분은 길이 2센티미터 정도로서 밑에 과부(瓜部)가 있고 꽃잎의 끝이 깊게, 가늘게 갈라지며 후부(喉部)에 각각 2개의 인편(鱗片)이 있으며 수술은 10개, 암술은 5개이다.

9월에 삭과(蒴果)되고 삭과는 긴 타원형이며 길이 1.3센티미터 안팎으로서 끝이 5개로 갈라진다. 또한 꽃받침잎이 붙어 있으며 종자(種子)에 돌기(突起)가 있다.

관상용으로 화단에 심거나 생화로 쓰이며 화강편마암계, 섬록암계 등의 토양에서 잘 자라고 분주법, 종자 재배법, 종내 육종법 등에 의하여 번식된다.

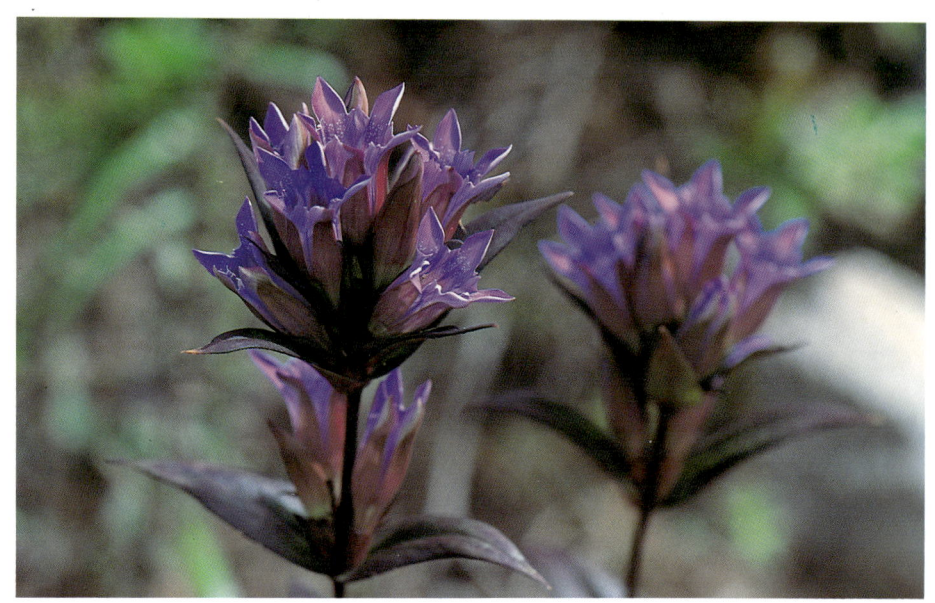

용담　(학명) Gentiana scabra var. buergeri(Miq)　MAX.

전국의 산지(山地) 낮은 곳에서부터 높은 데까지 널리 분포하는 용담과의 다년생 초본이다.

우리나라 제주도 및 본토(本土)의 낮은 지대 산이나 표고(標高) 1,500미터 안팎의 높은 산 정상 부근, 초원지 등에 잘 자란다.

높이 20 내지 60센티미터 안팎으로 자라고 4개의 가는 줄이 나 있으며 근경(根莖)이 짧고 굵은 수염뿌리가 있다.

잎은 마주나고 엽병(葉柄)이 없으며 피침형이며 예두 원저(銳頭圓底)이고 길이 4 내지 8센티미터, 너비 1 내지 3센티미터 정도로서 3맥(脈)이 있다. 표면은 녹색이고 뒷면은 연한 녹색이며 가장자리는 밋밋하지만 파상으로 된다.

8월에서 10월에 꽃이 피고 꽃은 길이 4.5 내지 6센티미터 정도로서 자주색이며 화경(花梗)이 없고 윗부분의 엽액(葉腋)과 끝에 달리며 포(苞)는 좁은 피침형이다.

꽃받침통은 길이 1.2 내지 1.8센티미터이고 열편(裂片)이 똑같지 않으며 선상 피침형으로서 통부(筒部)보다 길거나 짧다. 화관(花冠)은 종형(鐘形)이며 가장자리가 5개로 갈라지고 열편 사이에 부편(部片)이 있으며 수술은 5개로서 화관통(花冠筒)에 붙어 있고 1개의 암술이 있다.

11월에 삭과(蒴果)되며 삭과는 시든 화관과 꽃받침이 달려 있으며 대가 있고 종자(種子)는 넓은 피침형으로서 양쪽 끝에 날개가 있다.

관상용, 약용으로 쓰며 화단의 관상초 및 생화로 쓰이며 한방 및 민간에서 뿌리를 건위, 신장염 등에 약으로 쓰인다. 화강암계, 화강편마암계, 변성퇴적암계, 반암계, 현무암계, 경상계 등의 토양에서 잘 자란다.

실생법, 종내 육종법, 분주법, 생태 육종법 등에 의하여 번식된다.

산부추 (학명) Allium thunbergii G. DON.

　전국의 산지에 자라는 백합과의 다년생 초본이며 방향성 식물(芳香性植物)이다.

　이 풀은 낮은 지대의 산지 풀밭에서부터 고산 지대 표고(標高) 1,500미터 안팎의 높은 산 정상 부근 초원지에 자라며 그 분포지가 넓은 식물이다.

　높이 30 내지 60센티미터 정도 자라며 인경(鱗莖)은 길이 2센티미터 정도로서 난상 피침형이며 줄기 밑부분과 더불어 말라버린 엽초(葉鞘)로 싸여 있고 외피(外皮)는 약간 두꺼우며 색깔이 있다.

　잎은 길이 20센티미터, 너비 0.2 내지 0.5센티미터 정도로서 2, 3개가 비스듬히 위로 퍼지고 흰빛이 도는 녹색이며 단면은 삼각형이다. 8월에서 10월에 꽃이 피고 꽃은 홍자색이며 많이 달리고 포(苞)는 갑자기 끝이 뾰족해지고 넓은 난형이며 소화경(小化梗)은 길이 1 내지 1.5센티미터이다.

　화피 열편(花被裂片)은 길이 0.4 내지 0.5센티미터로서 타원형과 원두(圓頭)이며 내화피(內花被)가 약간 길다. 수술은 6개로서 길며 밑부분이 넓게 퍼지고 그 사이에 톱니가 있고 꽃밥은 자주색이다.

　부드러운 잎과 인경(鱗莖)을 먹으며 한방 및 민간에서 인경을 이뇨, 강장, 해독 등의 약으로 쓰며 화분의 관상초로도 심는다.

　화강암계, 반암계, 화강편마암계, 편상화강암계, 현무암계, 경상계, 변성퇴적암계 등의 토양에 잘 자란다.

　인경 재배법, 종간 잡종법, 생태 육종법, 주아 번식법 등에 의하여 번식된다.

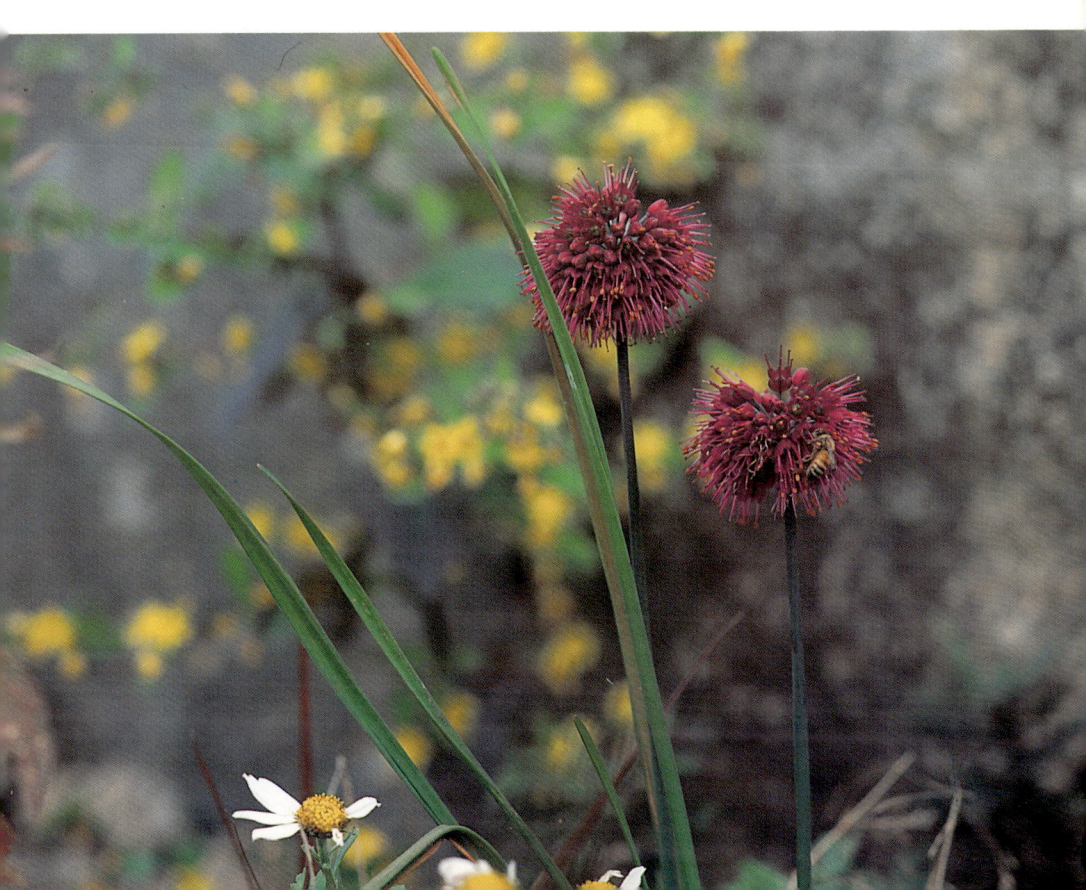

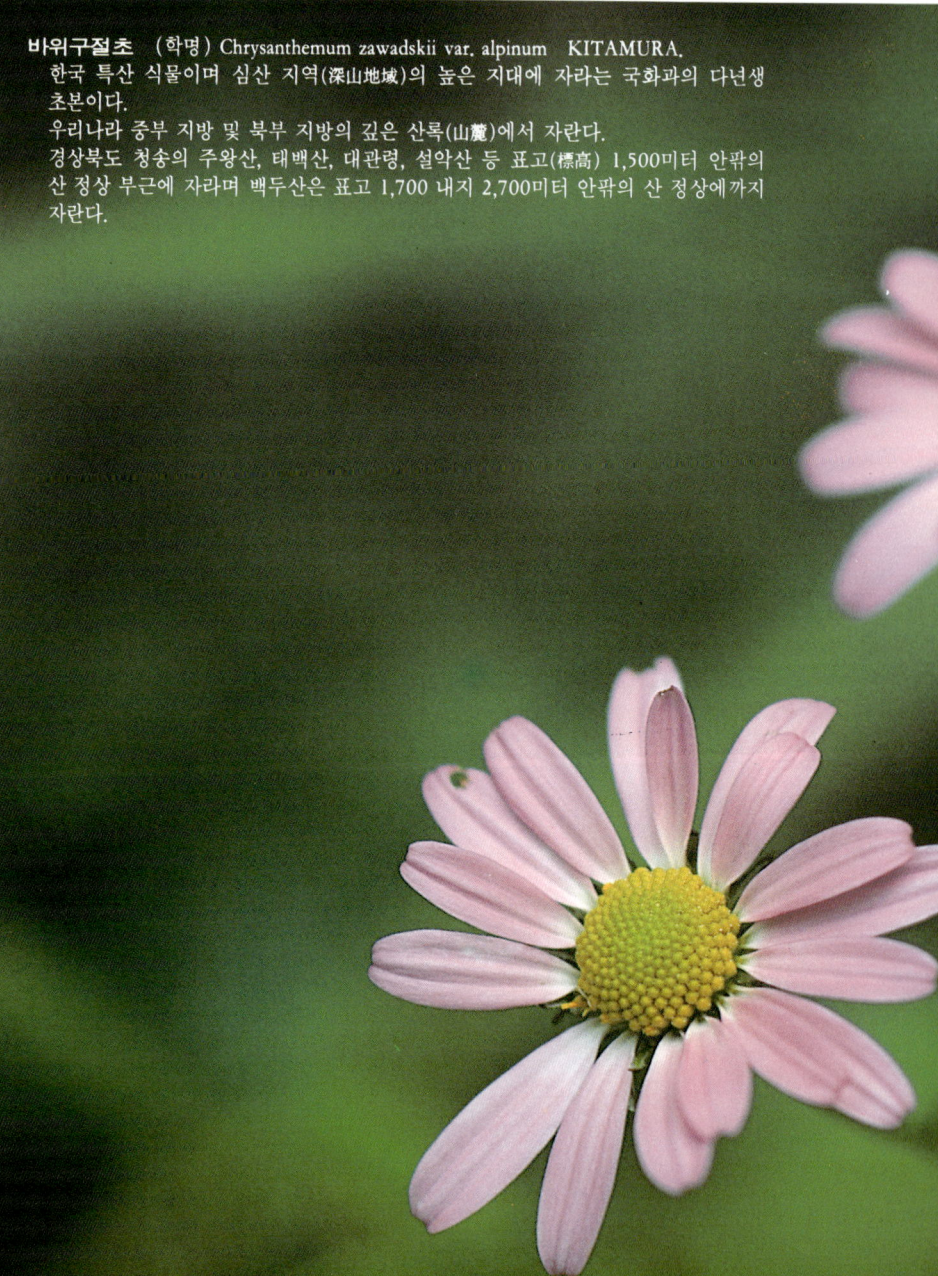

바위구절초 (학명) Chrysanthemum zawadskii var. alpinum KITAMURA.
  한국 특산 식물이며 심산 지역(深山地域)의 높은 지대에 자라는 국화과의 다년생
초본이다.
  우리나라 중부 지방 및 북부 지방의 깊은 산록(山麓)에서 자란다.
  경상북도 청송의 주왕산, 태백산, 대관령, 설악산 등 표고(標高) 1,500미터 안팎의
산 정상 부근에 자라며 백두산은 표고 1,700 내지 2,700미터 안팎의 산 정상에까지
자란다.

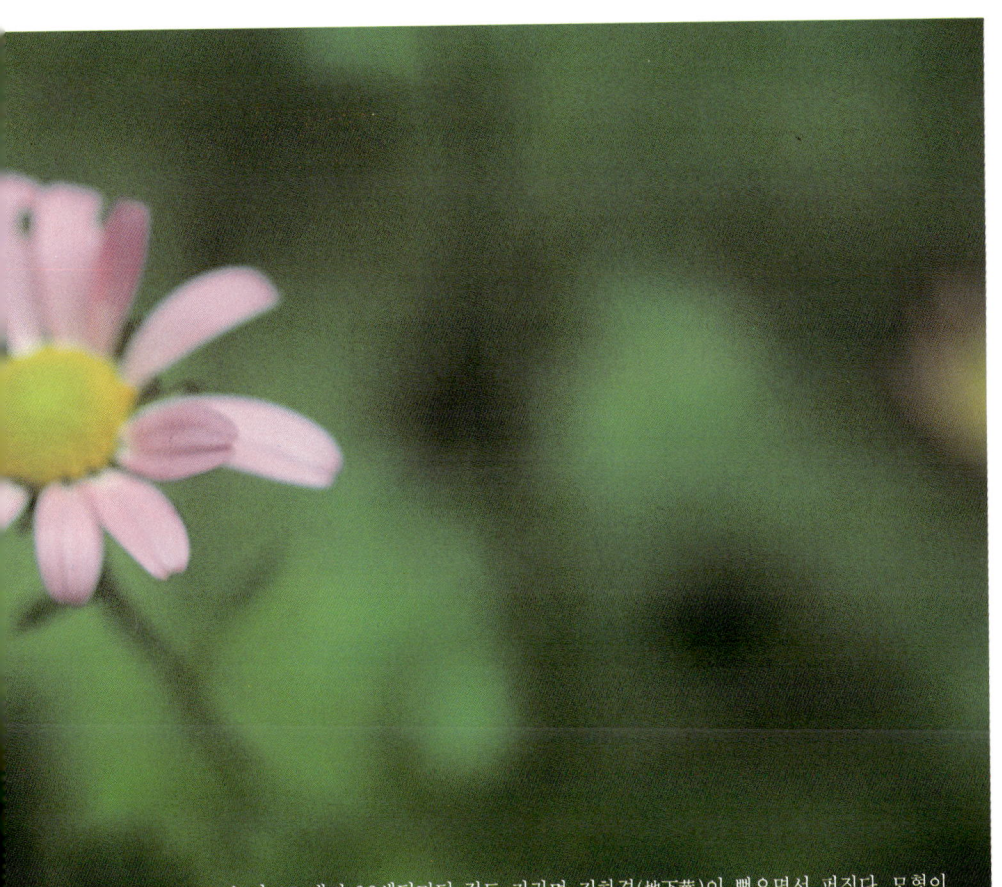

높이 15 내지 30센티미터 정도 자라며 지하경(地下莖)이 뻗으면서 퍼진다. 모형이 산구절초와 비슷하지만 키가 작고 원줄기와 잎이 백색의 털로 덮여 있으며 포편(苞片)의 뒷면과 안쪽 가장자리에 백색 털이 있고 화경(花梗)이 짧으며 꽃이 큰 점이 다르다. 잎은 밑부분의 겉에 엽병(葉柄)이 있으나 위로 올라가면서 잎자루가 없어지고 우상(羽狀)으로 갈라지고 열편(裂片)은 피침형으로서 산구절초와 비슷하게 가늘어진다.

8월에서 10월에 꽃이 피고 두화(頭花)는 원줄기 끝에 1개씩 달리며 연한 홍색 또는 백색이고 지름 2 내지 4센티미터 정도이다. 10월부터 수과(瘦果)되고 총포(總苞) 및 수과는 산구절초와 비슷하다.

수과의 모형은 긴 타원형이고 길이 0.2센티미터 정도로서 5개의 줄이 있으며 밑부분이 약간 굽는다.

관상용, 약용으로 쓰이며 화단의 관상초로도 심고 한방 및 민간에서 건위, 보익, 중풍, 부인병 등의 약으로 쓰인다.

화강암계, 화강편마암계, 변성퇴적암계, 섬록암계 등의 토양에서 잘 자란다.

계통 분리법, 종간 잡종법, 생태 육종법, 삽목법, 분주법 등에 의하여 번식된다.

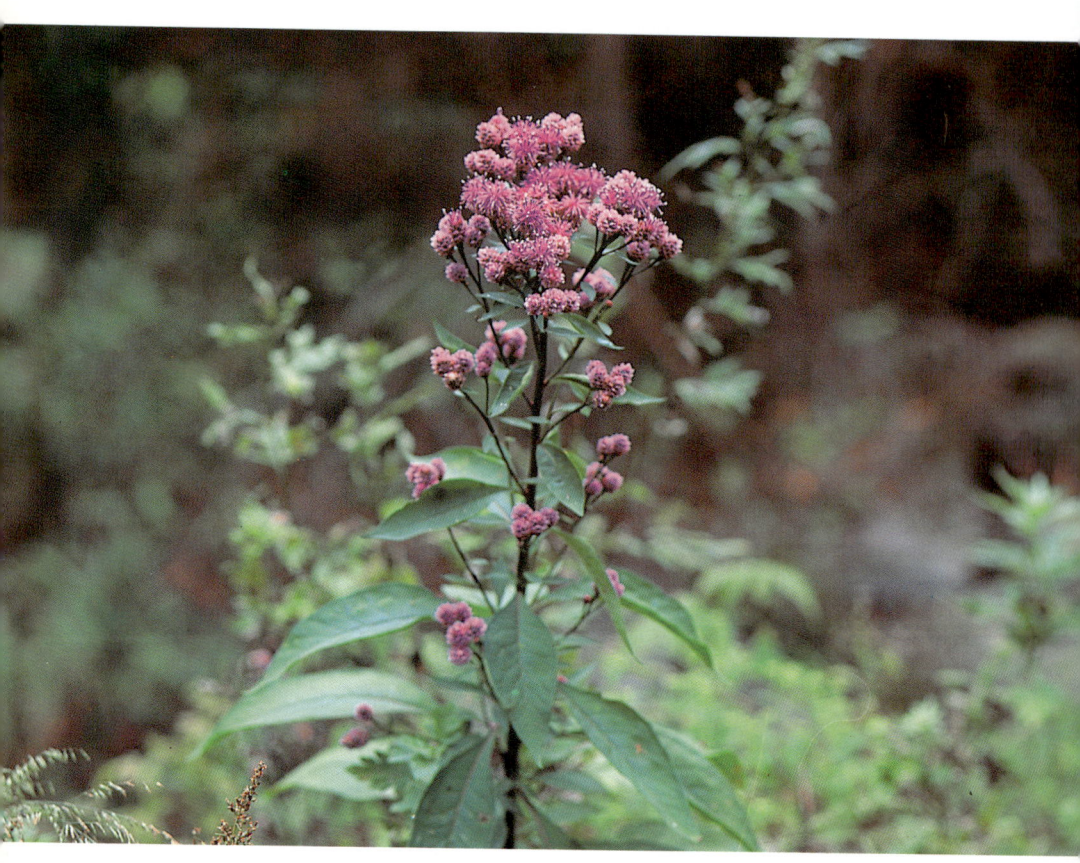

60 대관령

각시취　(학명) Saussurea pulchella　Fisch.

심산 지역의 초원에서 자라는 국화과의 다년생 초본이다.

대개는 높은 지대의 산록(山麓) 또는 깊은 골짜기 등에 분포하며 표고(標高) 1,500 미터 안팎의 산 정상의 고원지에 많이 자란다.

높이 30 내지 150센티미터 정도 자라며 대개는 양지에 자라고 줄기에 날개가 있기도 하고 잔털이 나 있다.

근생엽(根生葉)과 밑부분의 잎은 꽃이 필 때까지 남아 있거나 없어지기도 하며 엽병(葉柄)이 길다.

경생엽(莖生葉)은 긴 타원형 또는 타원형이고 길이 12 내지 18센티미터 정도로서 우상(羽狀)으로 갈라진다. 열편(裂片)은 6 내지 10쌍이고 피침형으로서 양면에 털이 있으며 뒷면에 선점(腺點)이 있다.

8월에서 10월에 꽃이 피고 지름 12 내지 16센티미터 정도로서 원줄기 끝과 가지 끝에 달려 산방상(繖房狀)으로 된다.

총포(總苞)는 종형(鐘形)이며 길이 1.1 내지 1.3센티미터, 지름 1 내지 1.4센티미터이다. 포편(苞片)은 6, 7줄로 배열되며 외편(外片)은 난형, 중편(中片)은 긴 타원형, 내편(內片)은 선형(線形)이고 끝에 모두 붉은 빛이 도는 원형의 부속체(附屬體)가 있다.

화관(花冠)은 자주색이며 길이 1.1 내지 1.3센티미터 정도이다.

10월에 수과(瘦果)되고 수과는 길이 0.3 내지 0.4센티미터로서 자줏빛이 나며 관모(冠毛)는 2줄이고 길이 0.7 내지 0.8센티미터 정도이다.

식용, 약용, 관상용으로 쓰이며 부드러운 순과 잎을 나물로 먹으며 화단의 관상초 및 생화로 쓴다.

민간에서 전초(全草)를 지혈, 황달 등에 약으로 쓴다.

화강암계, 반암계, 화강편마암계, 편상화강암계, 현무암계, 경상계 등의 토양에서 잘 자란다.

실생법, 분주법, 종간 잡종법, 생태 육종법 등에 의하여 번식된다.

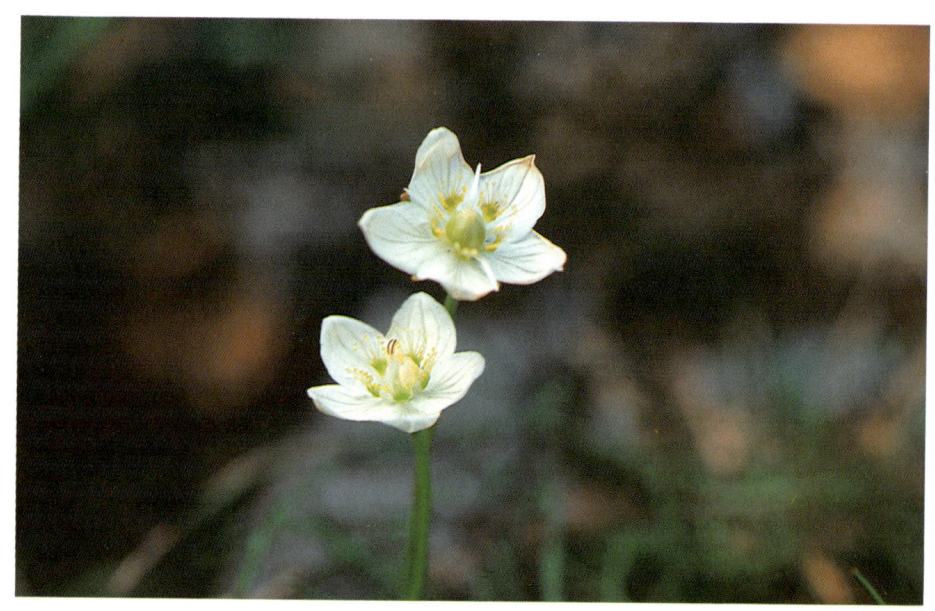

물매화　　(학명) Parnassia palustris L. var. multiseta　Ledeb.

　전국 산의 양지 쪽의 습지에 자라는 범의귀과의 다년생 초본이다.

　각 지방의 고산 지대 산록 양지(山麓陽地)의 물기가 많은 풀밭에 자라며 대개는 태백산맥을 따라 길게 남북으로 표고(標高) 1,500미터 안팎까지 분포한다.

　높이 10 내지 30센티미터 정도 자라며 근생엽(根生葉)은 엽병(葉柄)이 길고 원심형(圓心形)이며 길이와 너비가 각각 1 내지 4센티미터 정도로서 가장자리가 밋밋하고 경생엽(莖生葉)은 엽병이 없으며 원줄기를 감싼다.

　화경(花莖)은 길이 7 내지 30센티미터 정도로서 털이 없고 능선(稜線)이 약간 있으며 중앙부에는 1개의 잎 끝에 1개의 꽃이 달린다.

　7월에서 10월에 꽃이 피고 꽃은 지름 2 내지 2.5센티미터 정도로서 백색이며 꽃받침잎은 5개로서 녹색이고 긴 타원형이다.

　꽃잎은 넓은 난형 또는 타원형이며 길이 0.7 내지 1센티미터 정도로서 수평으로 퍼진다. 수술은 5개이며 밖을 향해 꽃밥이 달리고 수술대는 처음에는 자방(子房)에 기대었다가 교대로 밖으로 굽으며 헛수술은 5개로서 끝이 12 내지 22개로 갈라지고 끝에 황색(黃色)의 선(腺)이 있다.

　자방은 상위(上位)이며 암술대는 4개로 갈라진다.

　10월에 삭과(蒴果)되고 삭과는 길이 1 내지 1.2센티미터 정도로서 넓은 난형이다.

　꿀이 많아 밀원 식물(蜜源植物)로 쓰이며 화분이나 화단의 관상초로 심는다.

　화강암계, 반암계, 화강편마암계, 편상화강암계, 현무암계, 경상계, 변성퇴적암계 등의 토양에 잘 자란다.

　실생법, 종자 재배법, 분주법 등에 의하여 번식된다.

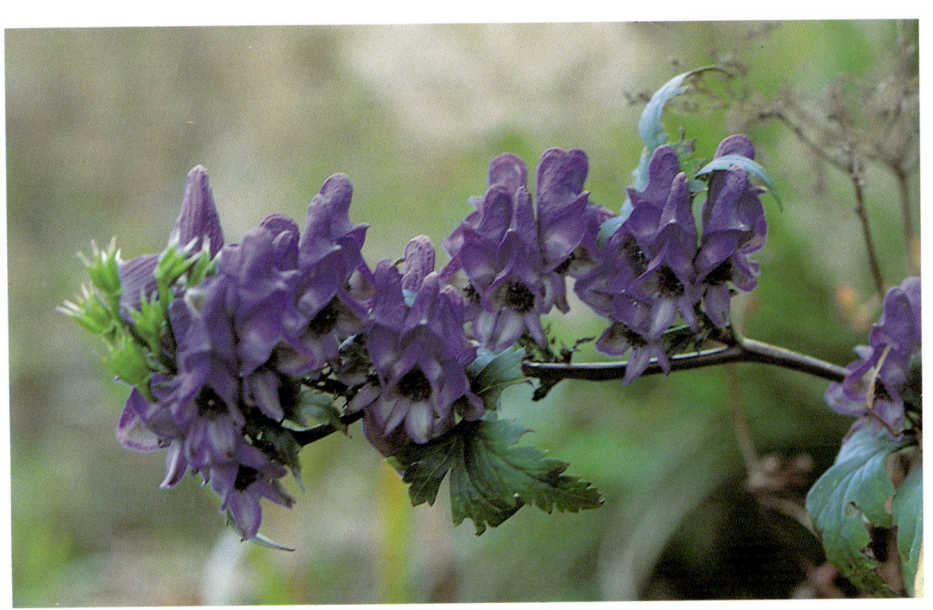

이삭바꽃 (학명) Aconitum pulcherrimum Nakai.

　초오(草烏)라고 불리기도 하는 심산 지역의 숲속에 자라는 미나리아재비과의 다년생 초본이며 유독성 식물(有毒性植物)이다.

　우리나라 중부 지방, 북부 지방 등의 고산 지대의 숲속 또는 초원지 등에 자라며 소백산, 태백산, 대관령 등의 표고(標高) 1,500미터 안팎의 산 정상 부근 숲에서 자라고 평안남북도, 함경남북도 등의 고산 지대에도 자란다.

　높이 1미터 정도로 곧게 자라며 화서(花序)를 제외한 다른 부분에는 털이 거의 없다. 잎은 호생(互生;어긋나는 것)하고 3 내지 5개로 갈라지며 열편(裂片)에 결각상(缺刻狀)의 톱니가 나 있다.

　8, 9월에 꽃이 피고 꽃은 짙은 하늘색이며 총상 화서(總狀花序)는 원줄기 끝에 달리고 소화경(小花梗)에 잔털이 있다.

　꽃받침은 5개로서 뒤쪽 것은 모자 같은 모형이며 앞이 부리처럼 뾰족하게 나와 있고 양쪽의 것은 둥근 도란형이며 밑의 것은 긴 타원형이다.

　2개의 꽃잎은 길어서 뒤쪽의 꽃받침잎 속에 들어 있고 밀선(蜜腺) 같으며 수술은 많고 암술은 5개로서 털이 없다.

　10월에 골돌(蓇葖)되고 골돌은 5개이며 타원형이고 끝에 암술대가 남아 있어 밖으로 젖혀진다.

　관상용, 약용으로 쓰이며 화단의 관상초 및 한방에서 뿌리를 초오(草烏)라 하여 강심, 중풍실음, 이뇨, 신경통 등에 약으로 쓴다.

　뿌리와 잎에 맹독 성분(猛毒性分)이 함유되어 있어서 매우 위험한 식물이다.

　화강암계, 화강편마암계, 변성퇴적암계 등의 토양에 잘 자라며 분주법, 생태 육종법, 종내 교잡법, 종자 재배법 등에 의하여 번식된다.

수리취 (학명) Synurus deltoides (AIT.) Nakai.

전국 산 양지 쪽 초원에 많이 자라는 국화과의 다년생 초본이다.

대개는 낮은 지대의 산 초원지에서부터 표고(標高) 1,500미터 안팎의 산 정상의 풀밭에까지 이르는 넓은 분포지(分布地)를 가진 풀이다.

높이 40 내지 100센티미터 정도 자라고 종선(縱線)이 있으며 전체에 백색 털이 밀생한다.

근생엽(根生葉)은 꽃이 필 때 없어지거나 남아 있다. 경생엽(莖生葉)은 어긋나며 밑부분의 것은 난형 또는 난상 긴 타원형이고 끝이 뾰족하며 밑부분이 둥글거나 심장저(心臟底)이며 길이 10, 20센티미터 정도로서 표면에 꼬불꼬불한 털이 있다. 뒷면에는 백색 면모(白色綿毛)가 밀생하고 가장자리에 결각상(缺刻狀)의 톱니가 있으며 엽병(葉柄)은 길이 10 내지 25센티미터로서 좁은 날개가 있는 것도 있다.

윗부분의 잎은 점차 작아지고 잎자루도 점차 작아져서 없어진다.

9, 10월에 꽃이 피고 꽃은 지름 5센티미터 정도로서 원줄기 끝이나 가지 끝에 달린다. 꽃이 필 때는 밑을 향하여 자주색의 꽃이 핀다.

총포(總苞)는 둥글며 길이 3센티미터, 지름 4.5 내지 5.5센티미터 정도로서 거미줄 같은 백색 털이 있고 갈자색(褐紫色) 또는 흑자색(黑紫色)이며 포편(苞片)은 여러 줄로 배열되고 끝이 뾰족하며 날카롭고 외편(外片)이 짧다.

화관(花冠)은 길이 2센티미터 정도로서 자주색이 나고 관모(冠毛)도 길이 1.8센티미터 정도로서 갈색이다. 10월에 수과(瘦果)되고 수과는 길이 0.5센티미터 정도로서 줄이 있고 털이 없다.

식용, 약용으로 쓰이며 어린순과 부드러운 잎을 식용하여 나물 및 떡을 만들어 먹는다. 민간에서 전초(全草)를 지혈, 종창 등의 약으로 쓰며 성숙한 잎을 말려서 솜 대용으로 부싯깃 등에 사용한다.

화강암계, 반암계, 화강편마암계, 편상화강암계, 현무암계, 경상계, 변성퇴적암계 등의 토양에 잘 자란다.

생태 육종법, 분주법, 실생법 등에 의하여 번식된다.

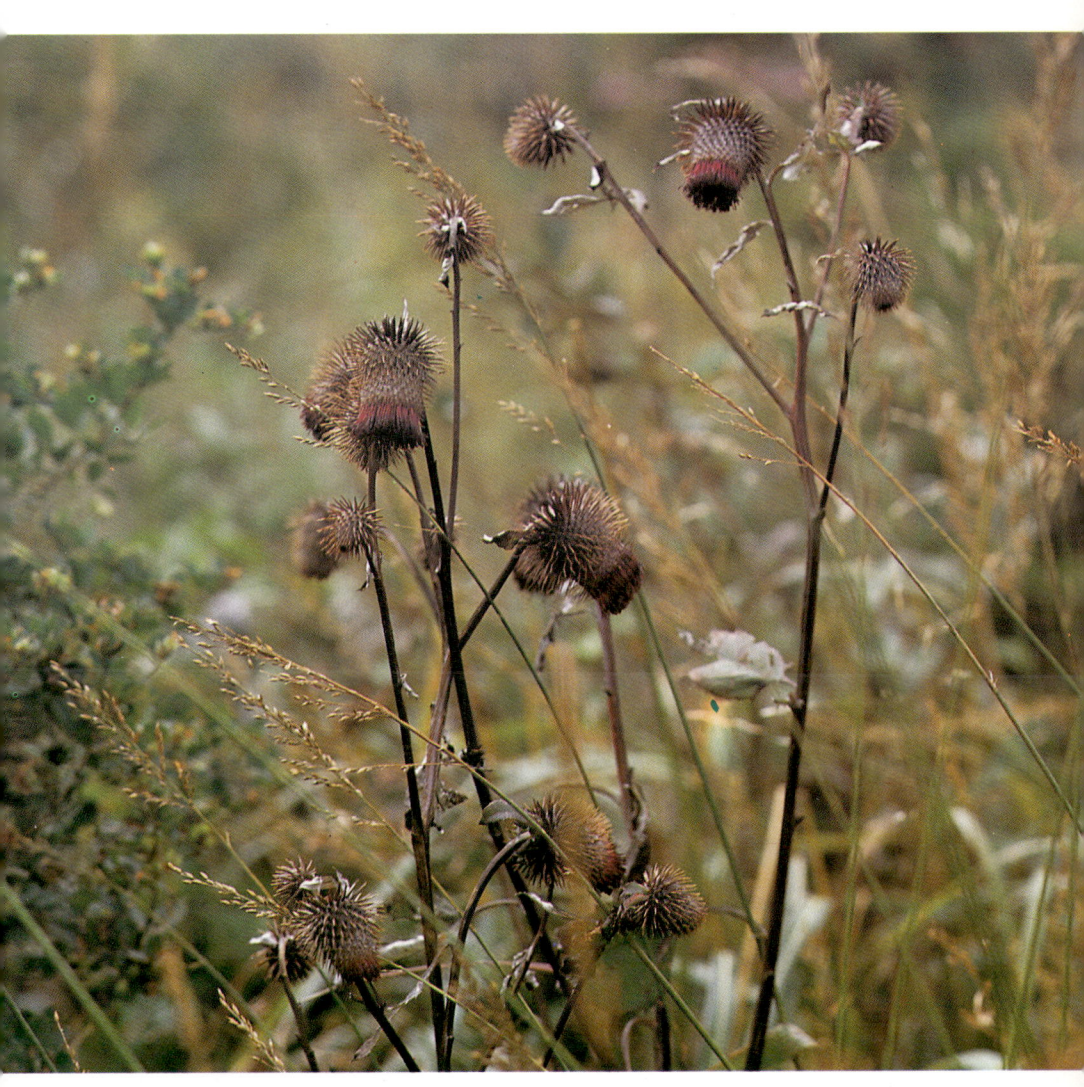

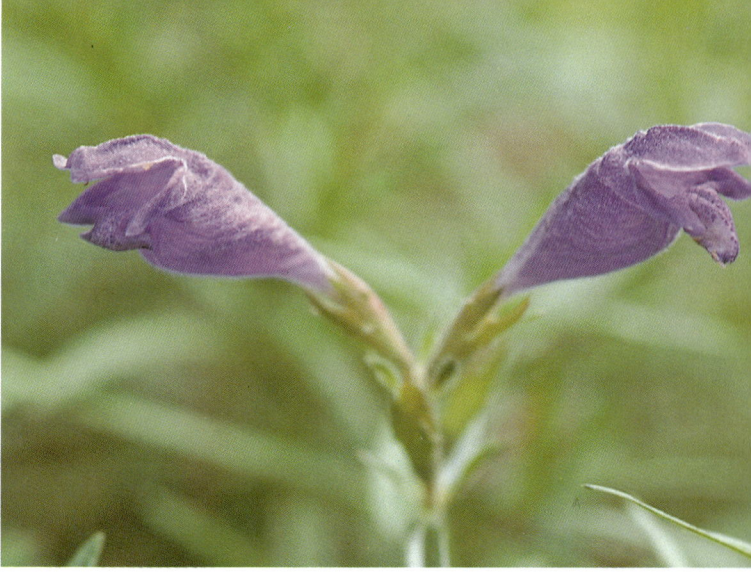

용머리 (학명) Dracocep-
halum argunense Fisch.
섬지방을 제외한 본토의 심
산 지역(深山地域) 초원에서
자라는 꿀풀과의 다년생 초
본이다. 우리나라 경상남북
도, 충청북도, 강원도, 평안
북도, 함경남북도 등의 깊
은 산골 숲 가장자리 풀밭
에나 대관령의 표고(標高)
1,000미터 안팎의 고원지
에서 자란다.
높이 15 내지 30센티미터
정도 자라고 짧은 근경(根
莖)에서 총생(叢生)하며 원
줄기에 밑으로 굽은 백색
털이 있다.
잎은 대생(對生 ; 마주난다)하고 엽병(葉柄)이 없거나 길이 0.1
내지 0.3센티미터 정도 되는 잎자루가 있으며 선형(線形)이
고 끝이 둔하며 길이 2 내지 5센티미터, 너비 0.2 내지 0.5센티
미터로서 잎 표면에 윤채(潤彩)가 나며 뒷면 맥(脈) 위에 털이
있고 가장자리가 밋밋하고 뒤로 말린다.
밑부분의 잎은 엽병이 짧으며 대개 난형으로서 가장자리에
톱니가 약간 있고 엽액(葉腋)에서 몇 개의 잎이 총생(叢生)한
다. 6월에서 8월에 꽃이 피고 꽃은 자주색이며 원줄기 끝에
달리고 화서(花序)는 길이 2 내지 5센티미터이다. 꽃받침은
길이 1.2 내지 1.5센티미터로서 보통 퍼진 털이 있다. 또한
굵은 맥(脈)이 도드라지고 거의 중앙까지 불규칙하게 5개로
갈라지며 열편(裂片) 끝이 바늘처럼 뾰족하고 열편 사이가
도드라진다.
화관(花冠)은 길이 3 내지 3.5센티미터로서 양순형(兩脣形)이
며 꽃밥과 더불어 겉에 털이 있는데 통부(筒部)가 갑자기 굵어
지며 상순(上脣) 끝이 약간 오목하고 하순(下脣)이 3개로 갈라
진다. 중앙 열편이 가장 크고 자주색의 점(點)이 있으며 통부
에 옆으로 틀어지는 줄이 나 있다.
9월에 수과(瘦果)되며 식용, 약용, 밀원용, 관상용 등에 쓰인
다.
식품 향료(香料)로 쓰이고 꿀이 많아 밀원 식물(蜜源植物)로
쓰이며 화단의 관상초로도 심는다. 민간에서 이뇨제 등의 약으
로 쓴다.
화강암계, 분암계, 화강편마암계, 편상화강암계, 반암계 등의
토양에 잘 자란다.
삽목법, 접종법, 분주법, 실생법, 생태 육종법, 종내 잡종법
등에 의하여 번식된다.

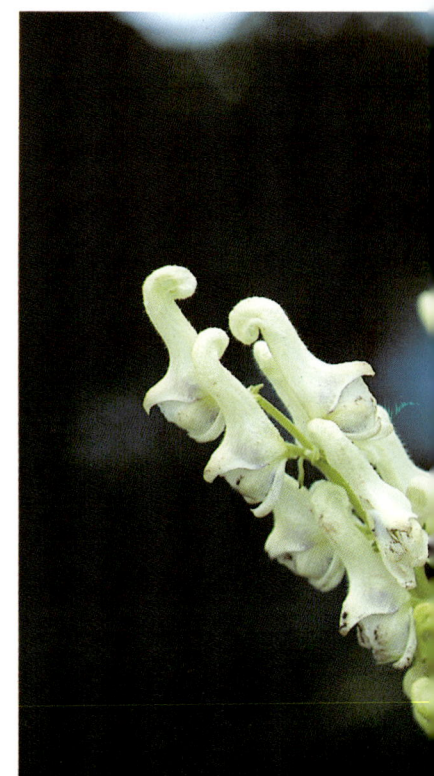

흰진범 (학명) Aconitum longecassidatum Nakai.

심산 지역의 숲 가장자리 등에 자라는 미나리아재비과의 다년생 초본이며 유독성 식물이다.

우리나라 중부 지방 및 북부 지방의 깊은 계곡 및 고산 지대 초원에 자라며 대관령, 오대산, 구룡령, 백두산 등지의 표고(標高) 1,500미터 안팎의 풀밭에도 자란다.

옆으로 비스듬히 자라거나 덩굴로 되어 길이 1.2미터 정도까지 자라고 윗부분에 꼬부라진 털이 있다.

근생엽(根生葉)과 경생엽(莖生葉)은 엽병(葉柄)이 길지만 위로 올라갈수록 짧아진다. 밑부분의 잎은 3 내지 7개로 갈라지며 윗부분의 잎은 3 내지 5개로 갈라지고 열편(裂片)에 끝이 뾰족한 치아상(齒牙狀)의 톱니가 있다. 표면에는 복모(伏毛)가 있고 가장자리와 뒷면 맥(脈) 위에도 털이 나 있다.

8월에 꽃이 피고 꽃은 연한 황백색(黃白色)이며 원줄기 끝과 윗부분의 엽액(葉腋)에서 총상 화서(總狀花序)가 나오고 화서(花序)와 소화경(小花梗)에 털이 있으며 포(苞)는 피침형 또는 선형으로서 털이 있다.

꽃받침은 5개이고 꽃잎 같으며 뒤쪽의 꽃받침잎은 뒤로 길이 2.8센티미터 정도의 원통상(圓筒狀)의 거(距)가 발달하고 털이 있으며 이마 쪽이 수평으로 뾰족하며 나머지 2개는 옆으로, 2개는 밑으로 달린다. 2개의 꽃잎은 밀선(蜜腺)으로 되어 뒤쪽의 꽃받침 속에 들어 있으며 수술은 많고 뒤로 젖혀지며 수술대 밑부분이 날개처럼 넓어지며 자방(子房)은 3개로서 뒤로 젖혀진 암술대가 있다.

10월에 골돌과(蓇葖果)되고 종자(種子)는 삼각형으로서 날개가 있으며 겉에 주름이 진다.

관상용, 약용으로 쓰이며 화단의 관상초로 심고 한방에서 뿌리를 진범(秦芃)이라 하여 중풍실음, 진통, 진경 등의 약으로 쓴다.

전초(全草)에 맹독 성분(猛毒性分)이 많이 들어 있어 함부로 쓰지 못하며 위험한 풀이다. 화강암계, 화강편마암계, 변성 퇴적암계 등의 토양에 잘 자라고 생태 육종법, 종자 번식법, 종내 잡종법, 분주법 등에 의하여 번식된다.

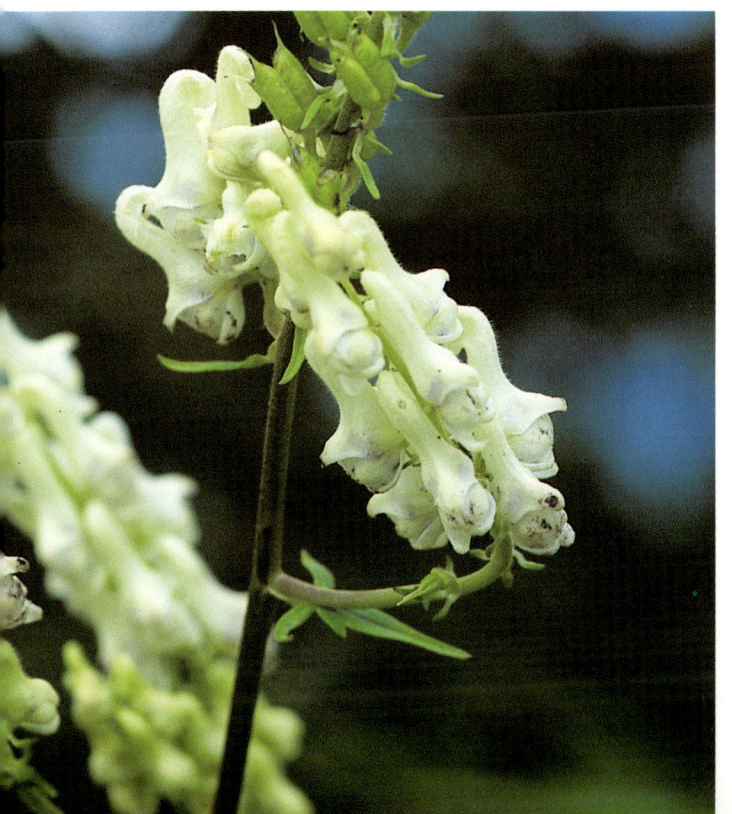

산솜방망이 (학명) Senecio flammeus Turcz.

두메솜방망이라고 불리기도 하는 고산 지대의 초원지에서 자라는 국화과의 다년생 초본이다.

우리나라 제주도 및 본토의 고산지 표고(標高) 1,000미터 이상의 산록(山麓) 풀밭에 자라며 한라산의 정상 부근과 대관령 정상 부근 등지 및 백두산 표고 1,700미터 이상의 풀밭에서 자란다.

높이 15 내지 50센티미터 정도 자라고 골이 파진 능선(稜線)과 거미줄 같은 털이 있으며 끝에서 산방상(繖房狀) 비슷하게 갈라진다.

근생엽(根生葉)은 흔히 꽃이 필 때 없어지고 잎자루가 길며 긴 타원형으로서 끝이 둥글고 밑부분은 좁으며 짧은 털과 거미줄 같은 섬유질이 있다.

밑부분의 잎은 도피침상(倒披針狀) 타원형이고 길이 8 내지 9센티미터, 너비 2.3 내지 2.5센티미터로서 밑으로 약간 숙이며 불규칙한 톱니가 있고 엽병(葉柄)에 날개가 있다.

7, 8월에 꽃이 피고 꽃은 황적색(黃赤色)이고 두화(頭花)는 지름 3 내지 3.2센티미터 정도로서 2 내지 7개가 달리며 화경(花梗)은 길이 1.5 내지 3센티미터로서 선상(線狀)의 포(苞)가 있다.

총포(總苞)는 컵모양이고 길이 0.5센티미터, 지름 1.2센티미터로서 포엽(苞葉)이 없으며 윗부분이 흑자색(黑紫色)이고 포편(苞片)은 1줄로 배열되며 가장자리가 막질(膜質)이다.

설상화(舌狀花)는 1줄로 배열되고 길이 1.3 내지 2.2센티미터로서 가장자리가 안으로 말리며 꽃이 필 때 젖혀진다.

10월에 수과(瘦果)되고 수과는 긴 타원형이며 길이 0.3센티미터 안팎으로 둥글고 능선에 털이 있으며 관모(冠毛)는 길이 0.5센티미터 안팎이다. 식용, 관상용으로 쓰이며 부드러운 어린잎을 나물로 먹으며 화단의 관상초로도 심는다.

화강암계, 반암계, 현무암계, 분암계 등의 토양에 잘 자란다.

계통 분리법, 생태 육종법, 실생법, 분주법, 종간 잡종법 등에 의하여 번식된다.

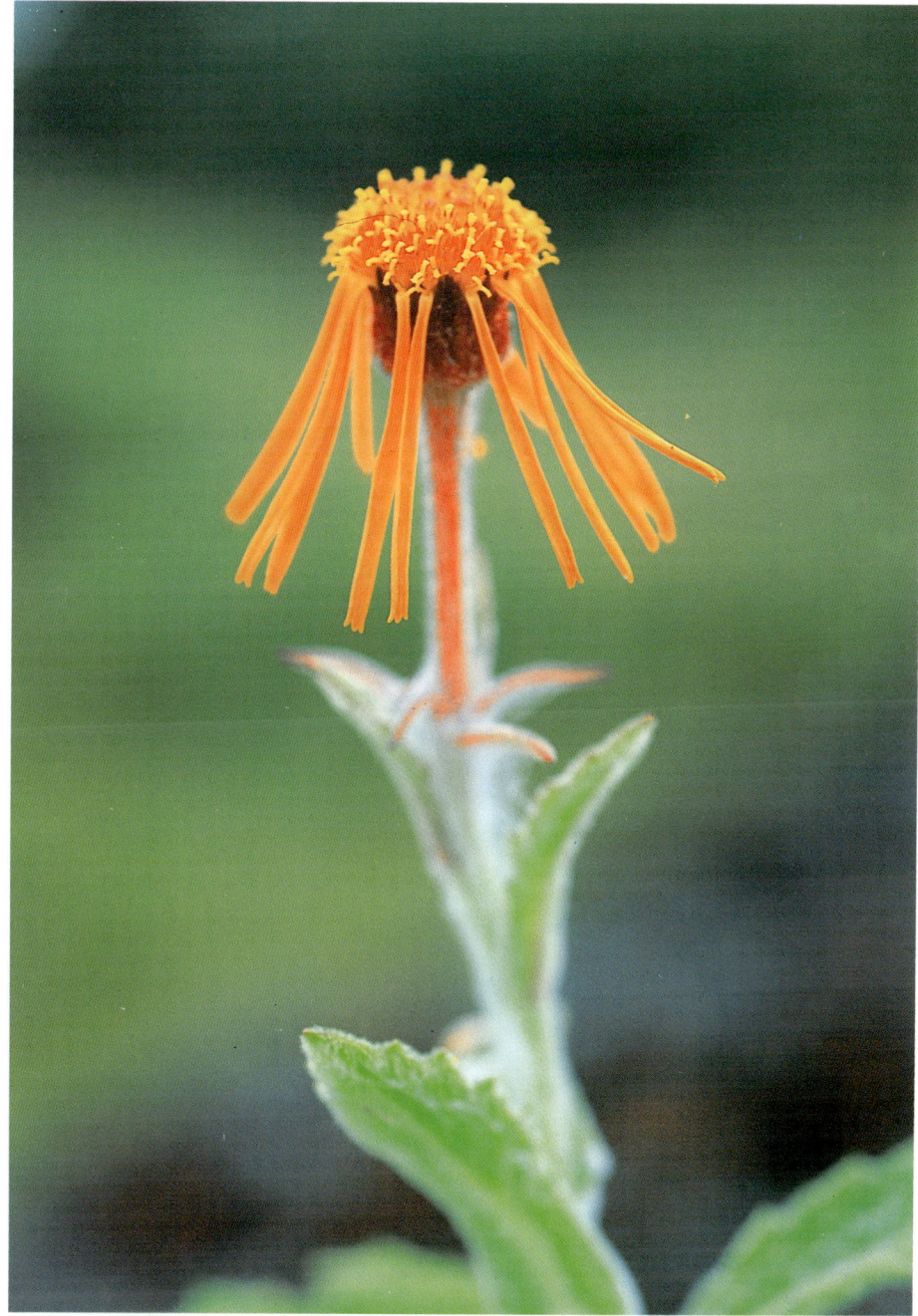

산비장이 (학명) Serratula Coronata var. insularis KITAMURA.

본토의 심산 지역 초원에서 자라는 국화과의 다년생 초본이다.

우리나라 섬지방을 제외한 전라남북도, 경상남북도, 강원도, 경기도, 함경남북도 등의 깊은 골짜기에서부터 표고(標高) 1,500미터 안팎의 고산 지대 산 정상 부근의 풀밭에 까지 자라며 소백산, 대관령 등의 높은 곳에 자란다.

높이 30 내지 150센티미터 정도 자라고 종선(縱線)이 있으며 근경(根莖)에 목질(木質)이 발달한다. 근생엽(根生葉)은 꽃이 필 때 없어지거나 남아 있고 난상 타원형으로서 끝이 뾰족하며 가장자리가 우상(羽狀)으로 완전히 갈라진다. 열편(裂片)은 6, 7 쌍이며 긴 타원형이고 끝이 뾰족하며 밑부분이 좁아져서 주맥(主脈)의 날개로 되고 백색 털이 약간 있다.

가장자리에 불규칙한 톱니가 있고 엽병(葉柄)은 길이 11 내지 30센티미터 정도이며 경생엽(莖生葉)은 근생엽과 비슷하지만 점차 작아진다. 7 내지 10월에 꽃이 피고 꽃은 지름 3, 4센티미터로서 가지 끝과 원줄기 끝에 1개씩 달린다. 총포(總苞)는 종형(鐘形)이며 길이 2 내지 2.7센티미터, 지름 1.5 내지 3센티미터 정도로서 황록색(黃綠色)이며 거미줄 같은 털이 약간 있다.

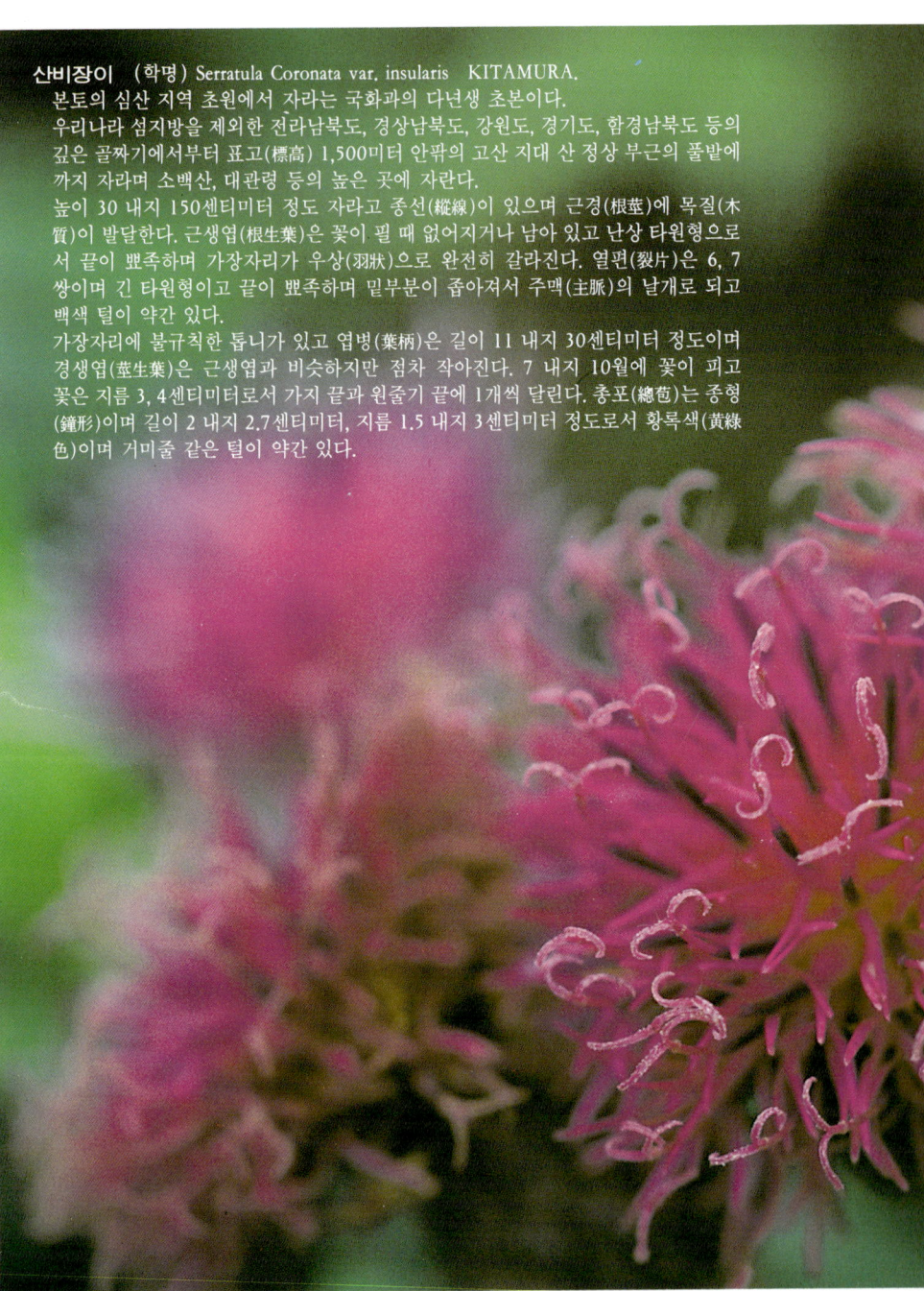

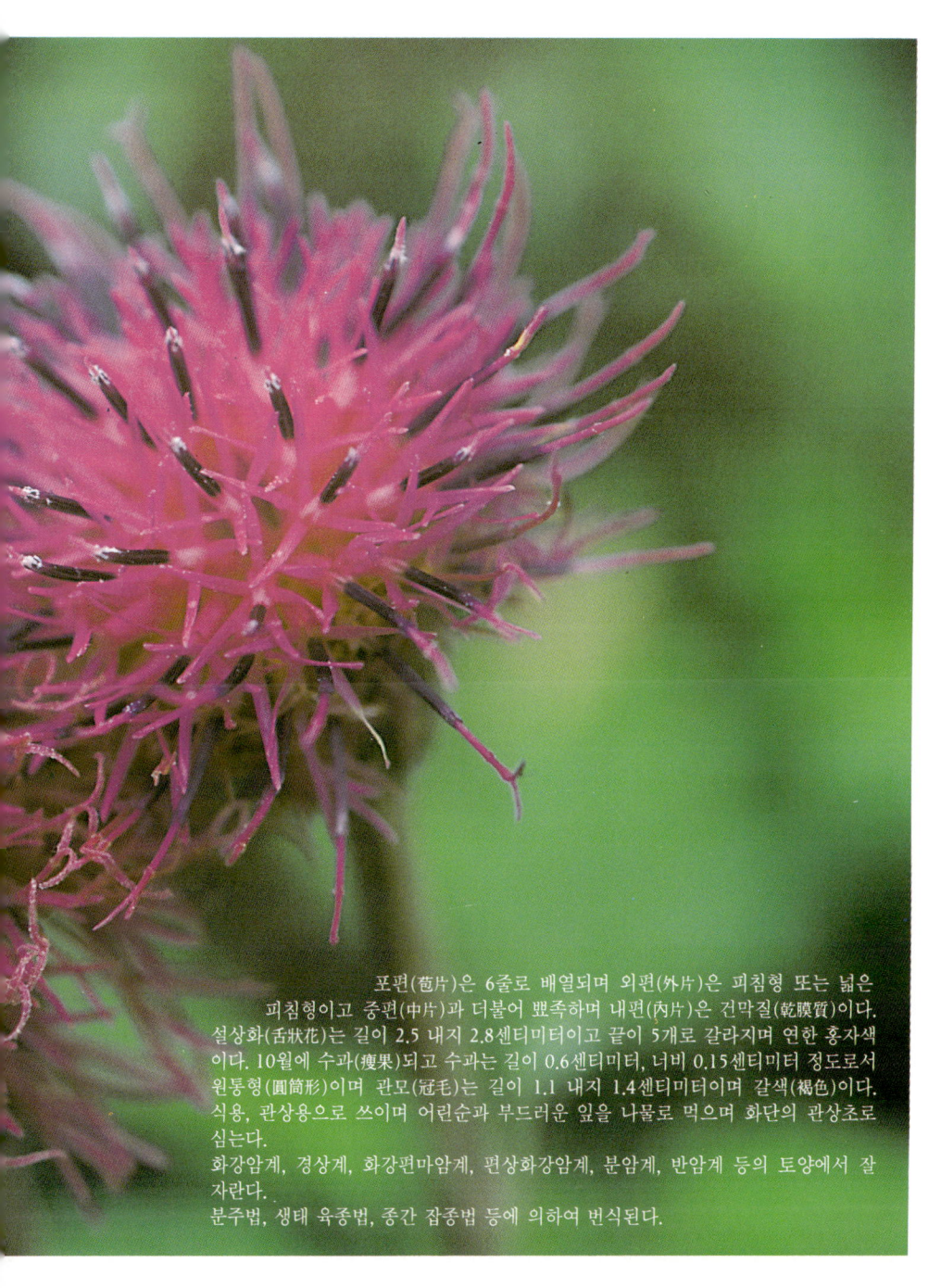

포편(苞片)은 6줄로 배열되며 외편(外片)은 피침형 또는 넓은
피침형이고 중편(中片)과 더불어 뾰족하며 내편(內片)은 건막질(乾膜質)이다.
설상화(舌狀花)는 길이 2.5 내지 2.8센티미터이고 끝이 5개로 갈라지며 연한 홍자색
이다. 10월에 수과(瘦果)되고 수과는 길이 0.6센티미터, 너비 0.15센티미터 정도로서
원통형(圓筒形)이며 관모(冠毛)는 길이 1.1 내지 1.4센티미터이며 갈색(褐色)이다.
식용, 관상용으로 쓰이며 어린순과 부드러운 잎을 나물로 먹으며 화단의 관상초로
심는다.
화강암계, 경상계, 화강편마암계, 편상화강암계, 분암계, 반암계 등의 토양에서 잘
자란다.
분주법, 생태 육종법, 종간 잡종법 등에 의하여 번식된다.

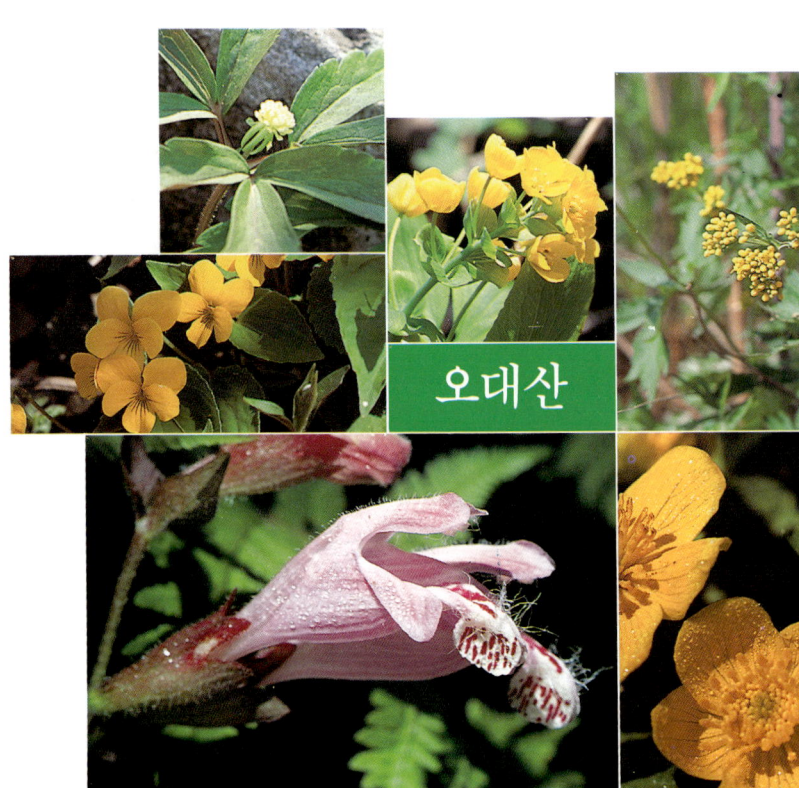

오대산

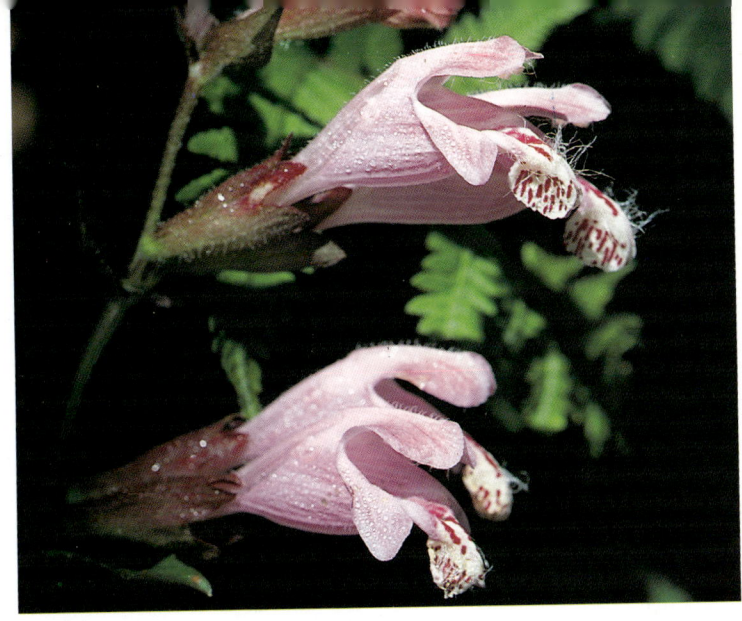

붉은벌깨덩굴   (학명) Meehania urtififololia Makino for. rubra   T. LEE.

심산 지역의 숲속에서 자라는 꿀풀과의 다년생 초본이며 방향성(芳香性) 식물이다. 우리나라 중부 지방의 고산 지대 숲속 음지에 자라며 표고(標高) 1,500미터 안팎의 높은 산 정상 근처의 숲속 또는 초원에까지 자라며 강원 지방의 오대산, 구룡령 등지에서 자란다.

높이 15 내지 30센티미터 정도 자라고 원줄기는 사각형(四角形)이며 긴 털이 드문드문 나고 옆으로 뻗으면서 마디에서 뿌리가 내려 다음해의 화경(花梗)으로 된다.

줄기에는 5쌍 정도의 잎이 달리며 잎은 대생(對生)하고 엽병(葉柄)이 있으며 삼각상 심장형 또는 난상 심장형이다. 끝이 뾰족하며 가장자리에 둔한 톱니가 있고 길이 2 내지 5센티미터, 너비 2 내지 3.5센티미터이지만 덩굴의 잎은 더 큰 것도 있으며 윗부분의 잎은 엽병이 없다.

5, 6월에 꽃이 피고 꽃은 연한 홍색으로 피며 화경 윗부분의 엽액(葉腋)에 큰 순형화(脣形花)가 한쪽을 향하여 4개 정도 달리며 꽃받침은 길이 1센티미터 정도로서 끝이 5개로 갈라진다.

화관(花冠)은 홍색이며 길이가 4, 5센티미터이고 통부(筒部)가 길고 갑자기 부풀며 아래쪽의 꽃잎 중앙 열편(中央裂片)은 특별히 크고 측열편(側裂片)과 더불어 짙은 자주색 반점이 있으며 긴 백색 털이 있다. 4개의 수술 가운데 2개가 길다.

7월에 수과(瘦果)되고 수과는 좁은 도란형이며 길이 0.3센티미터 정도로서 잔털이 가끔 나 있다.

식용, 밀원용, 관상용, 약용으로 쓰이며 어린순과 잎을 나물로 먹는다. 밀원 식물(蜜源植物)로 쓰이며 화단의 관상초로 심고 민간에서 강장, 대하증 등의 약으로 쓰인다.

화강암계, 현무암계, 화강편마암계, 편상화강암계, 변성퇴적암계, 경상계, 반암계 등의 토양에 잘 자란다.

분주법, 삽목법, 실생법, 종간 잡종법, 생태 육종법, 계통 분리법 등의 방법으로 번식된다.

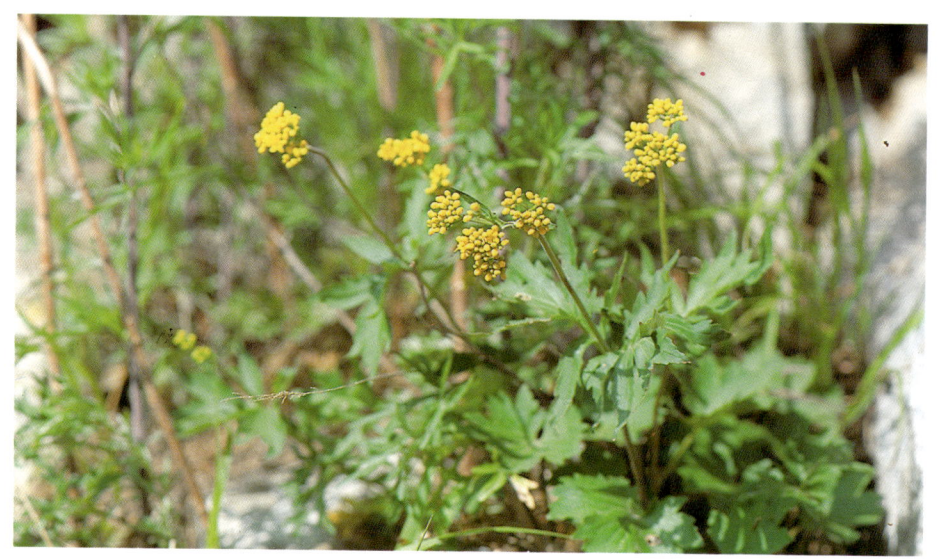

금마타리 (학명) Patrinia saniculaefolia HEMSL.

한국 특산 식물이며 섬지방을 제외한 본토의 산 높은 지대에 자라는 마타리과의 다년생 초본이다. 대개는 심산 지역(深山地域)의 산록(山麓) 바위가 많은 지역에 자라며 표고(標高) 1,500미터 안팎의 높은 산 정상 부근에도 자란다. 태백산맥의 등줄기를 따라 고산 지대에 많이 분포하고 그 밖의 높은 산에서도 자란다.

높이 30센티미터 정도 자라며 대생엽(對生葉) 사이에 털이 밀생한 줄이 나 있으며 꽃이 필 때까지 근생엽(根生葉)이 살아 있다.

근생엽은 엽병(葉柄)이 길고 약간 둥글며 5 내지 7개인데 장상(掌狀)으로 갈라지고 열편(裂片)은 다시 3개 또는 톱니처럼 갈라지며 끝이 약간 둔하고 맥(脈) 위를 따라 연모(軟毛)가 산생(散生)한다.

경생엽(莖生葉)은 엽병이 극히 짧으며 마주나고 모두 깊게 손바닥 모양 또는 우상(羽狀)으로 갈라지며 표면 기부(基部)에 털이 밀생하고 뒷면에는 털이 거의 없다.

6, 7월에 꽃이 피고 꽃은 황색이고 원줄기 끝에 산방상(繖房狀)으로 달리며 화경(花梗)과 소화경(小花梗) 안쪽에 돌기(突起) 같은 털이 밀생(密生)한다.

화관(花冠)은 종형(鐘形)이고 지름 0.4센티미터 미만이며 끝이 5개로 갈라지고 수술은 4개이고 밖으로 길게 나온다.

11월에 건과(乾果)되고 열매는 날개 같은 포(苞)가 달리고 타원형이며 길이 0.4센티미터 정도로 포보다 짧으며 한쪽에 능선이 있고 끝에 꽃받침 열편이 남아 있다.

식용, 관상용, 약용으로 쓰이며 어린순과 부드러운 잎을 나물로 먹으며 관상용으로도 심는다. 한방 및 민간에서 뿌리를 패장(敗醬)과 같이 화상, 소염, 안질 등의 약으로 쓴다.

화강암계, 반암계, 화강편마암계, 분암계, 편상화강암계, 경상계 등의 토양에 잘 자란다. 종내 육종법, 분주법, 실생법, 생태 육종법, 삽목법 등에 의하여 번식된다.

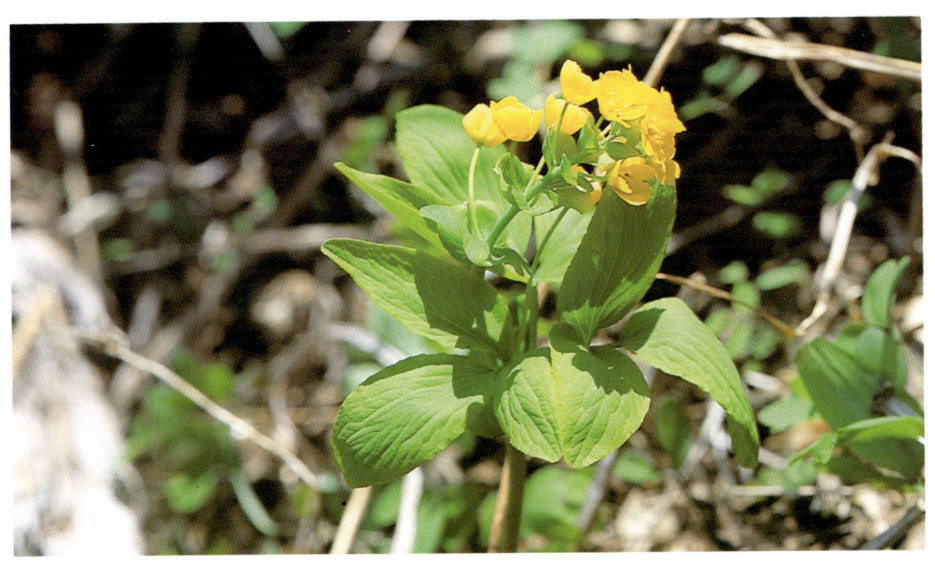

한계령풀 (학명) Leontice microrhyncha MOOR.
　북음양괄이라고 불리기도 하는 심산 지역의 높은 산 초원지 등에 자라는 매자나무과
의 다년생 초본이다.
　우리나라 중부 지방, 북부 지방의 고산 지대 산록(山麓)에 자라며 설악산, 한계령,
오색 계곡, 점봉산, 구룡령, 오대산, 태백산 등 높은 산의 정상 부근에 많이 자라고
대개는 태백산맥의 줄기를 따라 등줄기 부분의 산에만 자라고 북부 지방의 큰 산까지
분포지가 이어진 듯하다.
　높이 30, 40센티미터 정도 자라고 털이 없으며 뿌리는 땅속 깊이 곧게, 길게 들어가
고 탁엽(托葉)은 잎 같으며 반원형(半圓形) 또는 원형으로서 원줄기를 완전히 둘러싼
다. 잎은 1개가 달리고 1센티미터 정도에서 3개로 갈라진 다음 다시 3개씩 갈라지며
소엽병(小葉柄)은 길이 4, 5센티미터 정도이다.
　소열편(小裂片) 중앙부의 것은 엽병(葉柄)이 있고 옆의 것은 잎자루가 거의 없으며
중앙 열편(中央裂片)은 타원형이고 길이 6, 7센티미터, 너비 2, 3센티미터 정도로서
길이 1센티미터 미만의 잎자루가 있으며 가장자리가 밋밋하고 끝이 둥글다.
　5월에 꽃이 피고 꽃은 밝은 황색이고 총상 화서(總狀花序)는 원줄기 끝에서 많은
꽃이 달리고 첫번째 소화경(小花梗)은 길이 3센티미터 정도이지만 위로 올라갈수록
짧아진다.
　엽액(葉腋)에서 나온 꽃은 작은 꽃자루의 길이가 3, 4센티미터로서 끝에 1개의 꽃이
달린다. 포(苞)는 잎 같으며 거의 둥글고 밑부분의 것은 길이와 너비가 각각 1센티미
터 정도이다. 7월에 삭과(蒴果)되고 삭과는 둥글다.
　관상용, 약용으로 쓰이며 화단의 관상초로 심고 민간에서 이뇨 등의 약으로 쓰인다.
화강편마암계, 대동계, 섬록암계, 변성퇴적암계 등의 토양에 잘 자라며 종자 재배법,
삽목법, 분주법, 생태 육종법 등에 의하여 번식된다.

검종덩굴 　(학명) Clematis fusca　TURCZ.

종덩굴, 수염종덩굴이라고 불리기도 하며 심산 지역의 숲속에서 자라는 낙엽관목 (落葉灌木)이며 유독성 식물(有毒性植物)이다. 우리나라 중부 지방 및 북부 지방의 고산 지대 수림(樹林) 그늘에서 자라는 덩굴식물이다. 대개는 태백산맥의 등줄기를 타고 북부까지 높은 지대 표고(標高) 1,500미터 안팎의 산 정상 부근 및 깊은 골짜기 에도 자란다.

길이 2미터 정도 뻗으며 어린 가지에 털이 있고 잎은 마주나고 5 내지 9개의 소엽 (小葉)으로 구성되고 정엽(頂葉)이 덩굴손으로 변하기도 한다.

소엽은 난형 또는 난상 피침형이며 길이 3 내지 6센티미터로서 때로는 2, 3개로 갈라 지고 톱니가 없다. 또한 첨두(尖頭)이고 원저(圓底) 또는 아심장저(亞心臟底)이며 표면 에 털이 없고 뒷면 맥 위에 잔털이 있다.

6월에서 8월에 꽃이 피고 꽃은 흑자색이며 종(鐘) 같고 길이 2 내지 2.5센티미터 정도 로서 밑을 향하여 피며 화경(花梗)은 잎보다 짧고 엽맥(葉脈)에서 나와 1개의 정화 (頂花)가 달린다.

화경은 화피 열편(花被裂片) 과 더불어 암갈색(暗褐色)

의 털이 밀생(密生)하며 2개의 포(苞)가 중앙부에 있다. 4개의 두꺼운 화피(花被) 끝이 약간 뒤로 젖혀지며 수술은 많고 수술대 윗부분에 백색의 털이 있고 암술도 많다. 10월에 수과(瘦果)되며 수과는 타원형으로서 잔 털이 있고 끝에 암술대가 남아 있다. 암술대는 갈 색이 돌며 익으면 길이 3센티미터 정도에 달하고 우모상(羽毛狀)이다. 약용, 관상용으로 쓰이며 정원의 관상수로 심고 한방과 민간에서 뿌리를 위령선(威靈仙)과 같이 진통, 이뇨, 천식 등의 약으로 쓰지만 독성이 강하여 함부로 사용해서는 안 된다. 화강암계, 화강편마암계, 변성퇴적암계 등의 토양 에 잘 자라며 분주법, 종자 발아법, 종간 육종법 등에 의하여 번식된다.

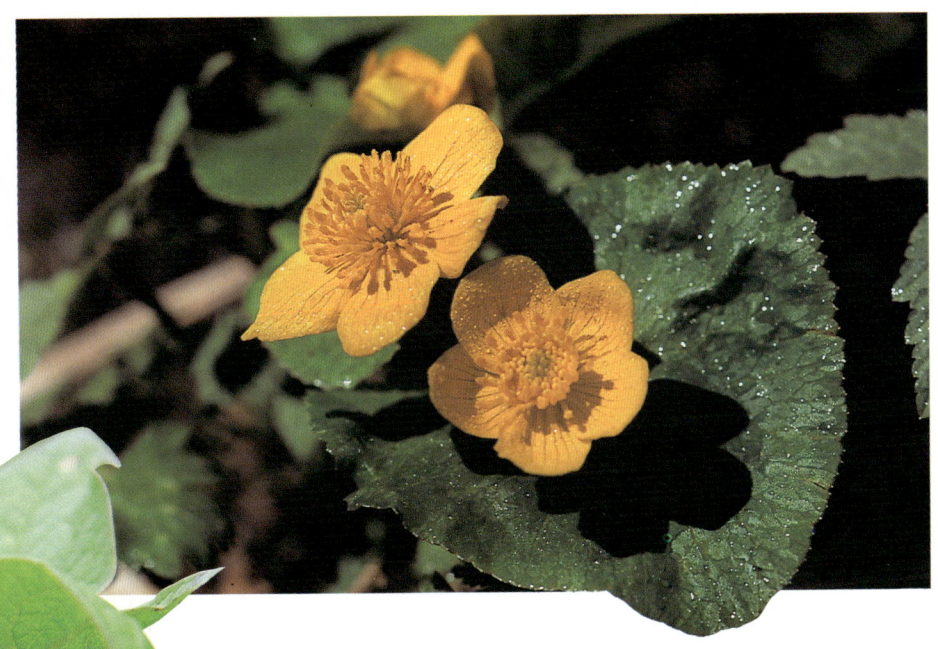

동의나물 (학명) Caltha palustris var. membranacea TURCZ.

심산 지역의 골짜기 습지(濕地)에 자라는 미나리아재비과의 다년생 초본이며 유독성 식물(有毒性植物)이다.

우리나라 중부 지방, 남부 일부 지방, 북부 지방의 깊은 산골짜기 도랑가 부근에 많이 자라며 또한 표고(標高) 1,500미터 안팎의 높은 산 습지에도 분포한다.

대개는 태백산맥의 등줄기를 따라 길게 또는 각 산맥의 줄기를 따라서 높은 지대의 산에까지 분포한다.

높이 50 내지 70센티미터 정도 자라고 근경(根莖)은 짧고 굵은 뿌리가 있으며 옆으로 비스듬히 자라기 때문에 각 마디에서 뿌리가 내려 윗부분은 곧게 선다.

근생엽(根生葉)은 총생(叢生)하고 신원형(腎圓形) 또는 난상 신원형이며 길이와 너비가 각각 5 내지 10센티미터 정도로서 파상(波狀)의 둔한 톱니가 있거나 밋밋하고 털은 없으며 경생엽(莖生葉)은 잎자루가 없다.

5, 6월에 꽃이 피고 꽃은 밝은 황색이며 원줄기 끝에 대개 2개씩 달리고 소화경(小花梗)은 길이 5 내지 11센티미터로서 털이 없다. 꽃받침잎은 5, 6개이며 길이 1.1 내지 1.8센티미터로서 타원형이고 꽃잎은 없으며 수술은 많고 수술대는 길이 0.7센티미터 미만으로서 털이 없으며 꽃밥은 길이 0.2센티미터 미만이다.

10월에 골돌(蓇葖)되고 골돌은 4 내지 16개이고 길이 1센티미터 정도로 끝에 0.2센티미터 정도의 암술대가 붙어 있다.

관상용으로 심으며 독성분을 함유하고 있어 사람이 먹지 못한다.

화강암계, 화강편마암계, 변성퇴적암계 등의 토양에 잘 자라며 종자 재배법, 생태 육종법, 무성 번식법, 분주법 등에 의하여 번식된다.

말나리 (학명) Lilium distichum NAKAI.

섬지방을 제외한 본토의 심산 지역 숲속 및 초원지에 자라
는 백합과의 다년생 초본이다. 우리나라 태백산맥의 등줄
기를 중심으로 하여 남북으로 깊은 산골짜기 및 고원 지대
까지 분포하는 풀이며 표고(標高) 1,500미터 안팎의 높은
산 정상 부근 초원에도 자란다.

높이 80센티미터 정도 자라고 땅속 인경(鱗莖)의 인편
(鱗片)에 환절(環節)이 있으며 인경은 둥글고 밑에 잔뿌리
가 많이 난다.

잎은 윤생엽(輪生葉)과 호생엽(互生葉)이 있으며 4 내지
9개의 윤생엽은 긴 타원형 또는 도란상 타원형이고 10,
20개가 달린다. 이것은 길이 10센티미터, 너비 1.5 내지
3센티미터로서 털이 없고 양끝이 좁으며 밑부분이 점차
좁아져서 원줄기에 붙는다.

어긋나는 잎은 작지만 때로 길이 8센티미터, 너비 1.5
내지 2센티미터로서 도피침형(倒披針形)인 것도 있다.

6월에서 8월에 꽃이 피고 꽃은 적황색(赤黃色)이며 1 내지
10개의 꽃이 옆을 향하여 달린다. 화피 열편(花被裂片)은
피침형이고 길이 4센티미터, 너비 0.8센티미터 정도로서
꽃잎 안쪽에 짙은 갈자색의 반점(斑點)이 있으며 암술과
수술은 화피(花被)보다 짧고 암술대가 자방(子房)보다
길다.

10월에 삭과(蒴果)되며 삭과는 도란상 원주형(圓柱形)이고
길이 2.3센티미터, 지름 2.5센티미터 정도로서 3개로 갈라
진다.

식용, 관상용, 약용으로 쓰이며 인경(鱗莖)과 어린순을
나물로 먹는다. 화단의 관상초 및 생화로 쓰이며 민간에서
인경을 자양, 강장, 건위 등의 약으로 쓴다.

화강암계, 반암계, 화강편마암계, 편상화강암계, 분암계,
경상계 등의 토양에 잘 자라며 인경 주아 재배법, 생태
육종법, 종간 잡종법, 실생법 등에 의하여 번식된다.

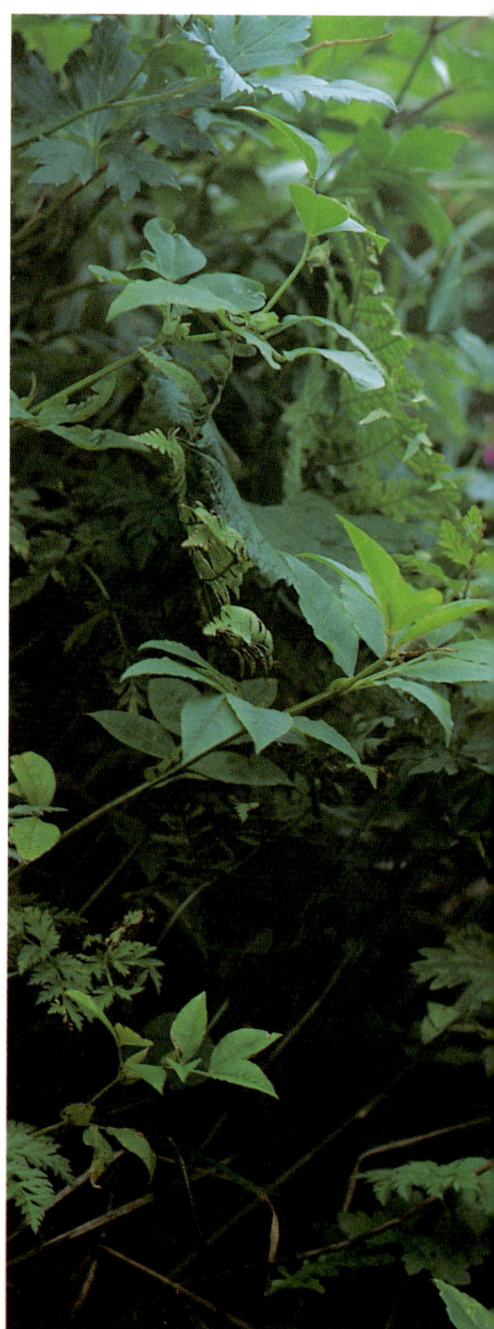

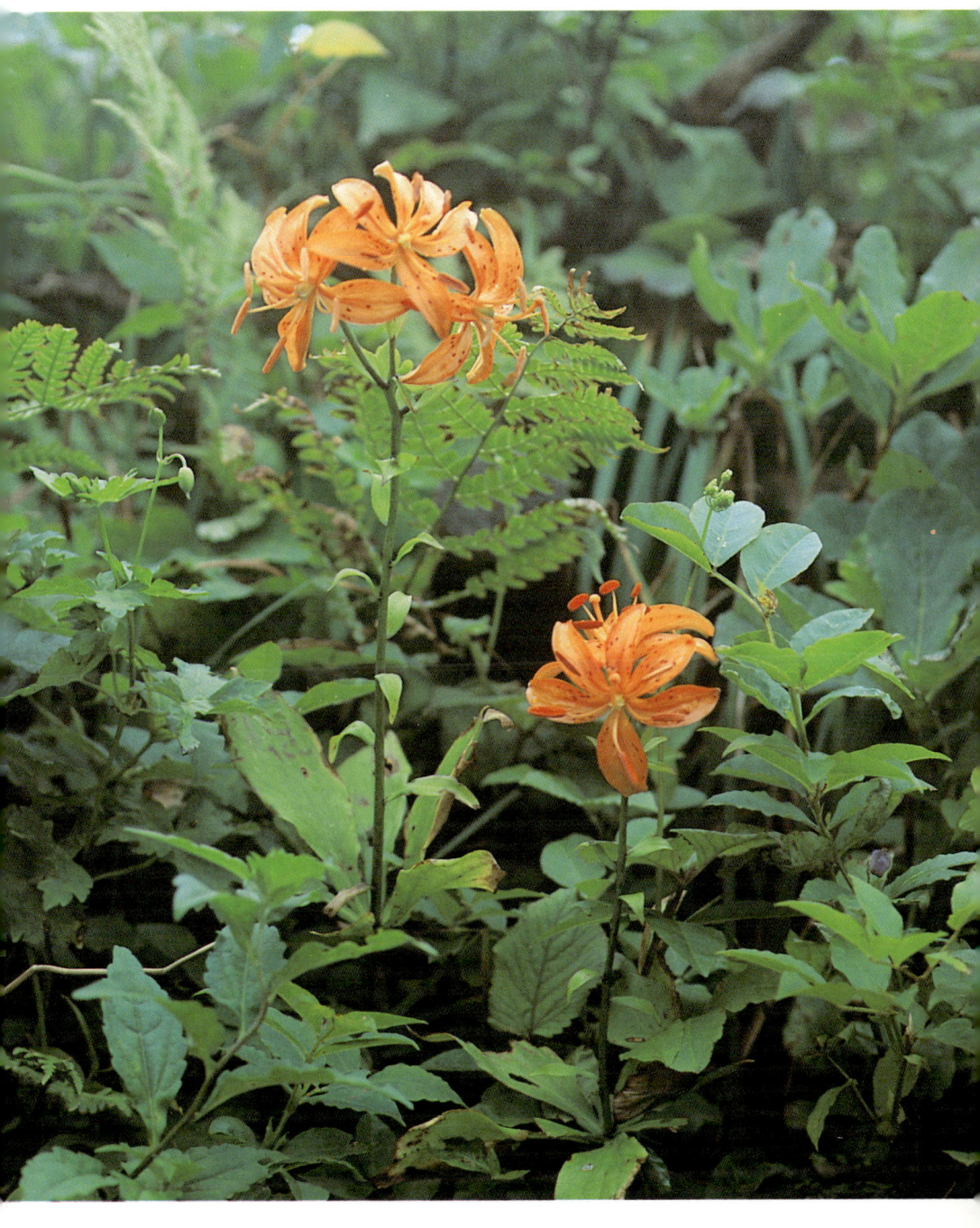

산마늘 （학명）Allium victorialis L. var. subsp. platyphyllum MAKINO.

심산 지역의 수림 아래에서 자라는 백합과의 다년생 초본이며 방향성(芳香性) 식물이다. 우리나라 중부 지방 및 북부 지방의 고산 지대에 자라며 대개는 표고(標高) 800미터 이상의 음지(陰地) 숲속에서 자란다. 경상북도 울릉도, 강원 산간 고지대, 평안북도 낭림산, 노봉(鷺峰) 등의 깊은 지역에 자란다.

높이 20 내지 60센티미터 정도 자라고 인경(鱗莖)의 길이는 4 내지 7센티미터이며 피침형이고 약간 구부러지며 외피(外皮)는 그물 같은 섬유로 덮여 있으며 갈색기가 돈다.

잎은 넓고 2, 3개씩 달리며 길이 20, 30센티미터, 너비 3 내지 10센티미터 정도로서 타원형 또는 좁은 타원형이고 양끝이 좁으며 가장자리가 밋밋하고 약간 흰빛을 띤 녹색으로 윤채(潤彩)가 없다.

엽병(葉柄) 밑부분은 엽초(葉鞘)로 되어 서로 둘러싸고 윗부분에 흑자색(黑紫色)의 점(點)이 있다.

5월에서 7월에 꽃이 피고 꽃은 백색 또는 누런빛이 나며 높이 70센티미터 정도의 화경(花莖)이 나와 그 끝에 산형 화서(傘形化序)가 달린다. 포(苞)는 난형이며 2개로 갈라지고 소화경(小花梗)은 길이 1.5 내지 3센티미터이다. 화피 열편(花被熱片)은 길이 0.6센티미터 이내이고 긴 타원형으로 둔두(鈍頭)이고 수술 및 암술대는 화피(花被)보다 길며 꽃밥은 황록색이다.

9월에 삭과(蒴果)되고 삭과는 3개의 심피(心皮)로 된 도심장형(倒心臟形)이고 끝이 오그라들며 종자(種子)는 흑색이다.

식용, 약용으로 쓰이며 인경 및 부드러운 잎을 나물로 먹는다. 민간에서는 인경을 이뇨, 강장, 건위 등의 약으로 쓴다. 현무암계, 섬록암계 등에 잘 자라며 주아 번식법, 인경 재배법, 종간 잡종법, 생태 육종법 등에 의하여 번식된다.

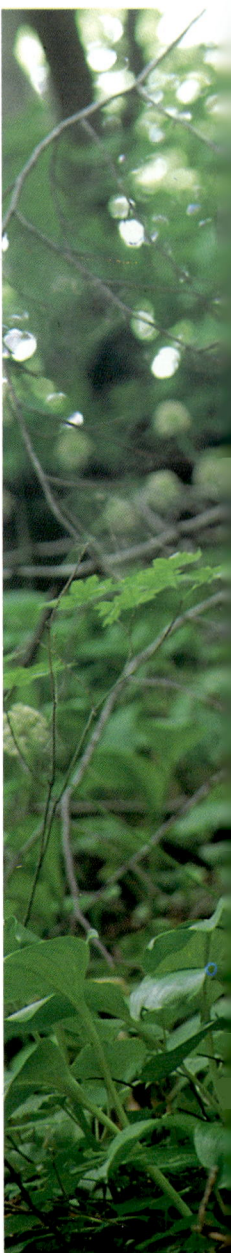

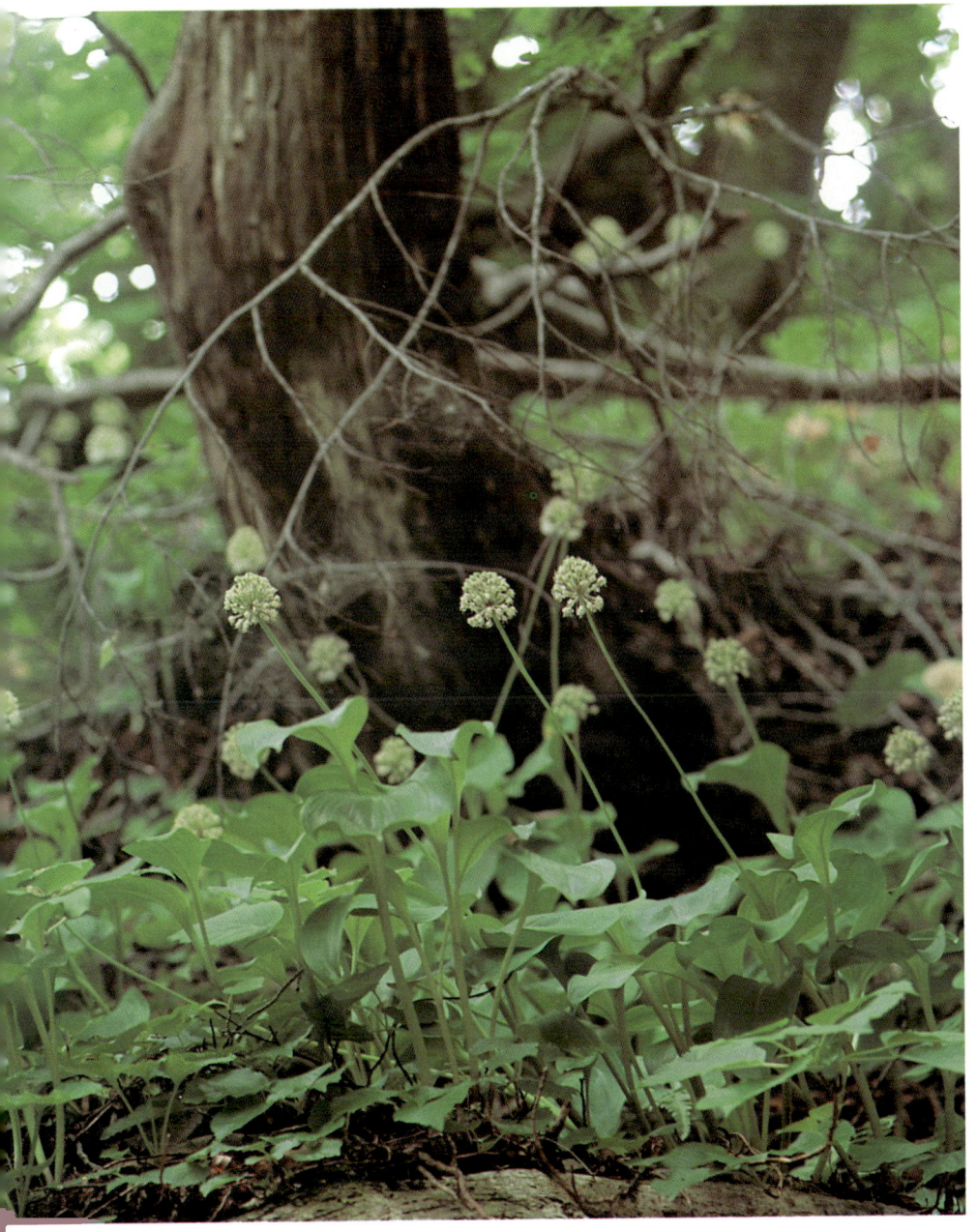

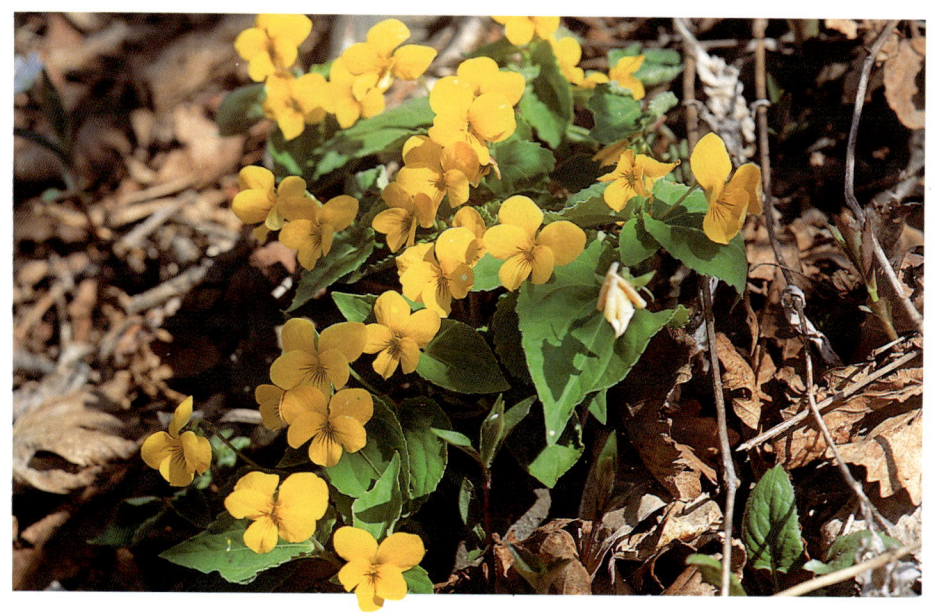

노랑제비꽃 (학명) Viola orientalis W. BECKER.

　전국 산지 낮은 곳부터 고산 지대까지 그 분포지가 대단히 넓은 제비꽃과의 다년생 초본이다.

　각 지방의 큰 산에는 거의 다 자라고 있으며 대개는 양지 쪽의 숲속에나 풀밭에 자라고 표고(標高) 1,500미터 이상의 산 정상 부근에서 자라는 풀이다.

　높이 10, 20센티미터 정도 자라고 흔히 군집하여 자라며 지하경(地下莖)이 대개 곧게 들어가며 잎을 제외하고는 털이 거의 없거나 잔털이 약간 있다.

　근생엽(根生葉)은 심장형(心臟形)이고 길이와 너비가 각각 2.5 내지 4센티미터 정도로서 가장자리에 파상(波狀)의 톱니가 있다. 엽병(葉柄)은 잎보다 3 내지 5배 정도 길고 적갈색(赤褐色)이 돌며 윗부분의 잎은 잎자루가 없다. 또한 마주나는 형이며 그 밑의 1개는 잎자루가 있고 떨어져 있는데 탁엽(托葉)은 넓은 난형이고 길이 0.3센티미터 미만으로서 가장자리가 밋밋하다. 화경(花梗)은 길이 2 내지 4센티미터 정도이다.

　4월에서 6월에 꽃이 피고 꽃은 밝은 황색(黃色)이며 중앙부에 포(苞)가 달린다.

　꽃받침잎은 피침형이고 길이 0.6 내지 0.8센티미터 정도이며 부속체(附屬體)는 난형이고 가장자리가 밋밋하며 꽃잎은 길이 1.2 내지 1.5센티미터로서 측판(側瓣)에 털이 있고 거(距)는 길이 0.1센티미터이다.

　7월에 삭과(蒴果)되고 삭과는 난상 타원형으로서 털이 없다.

　식용, 관상용, 약용으로 쓰이며 어린순과 잎을 나물로 먹으며 화단의 관상초로 심고 한방 및 민간에서 전초(全草)를 근채(菫彩)라 하여 부인병, 소아 발육 촉진 등에 약으로 쓴다.

　화강암계, 화강편마암계, 변성퇴적암계 등의 토양에 잘 자란다.

　종자 번식법, 종간 잡종법, 분주법 등에 의하여 번식된다.

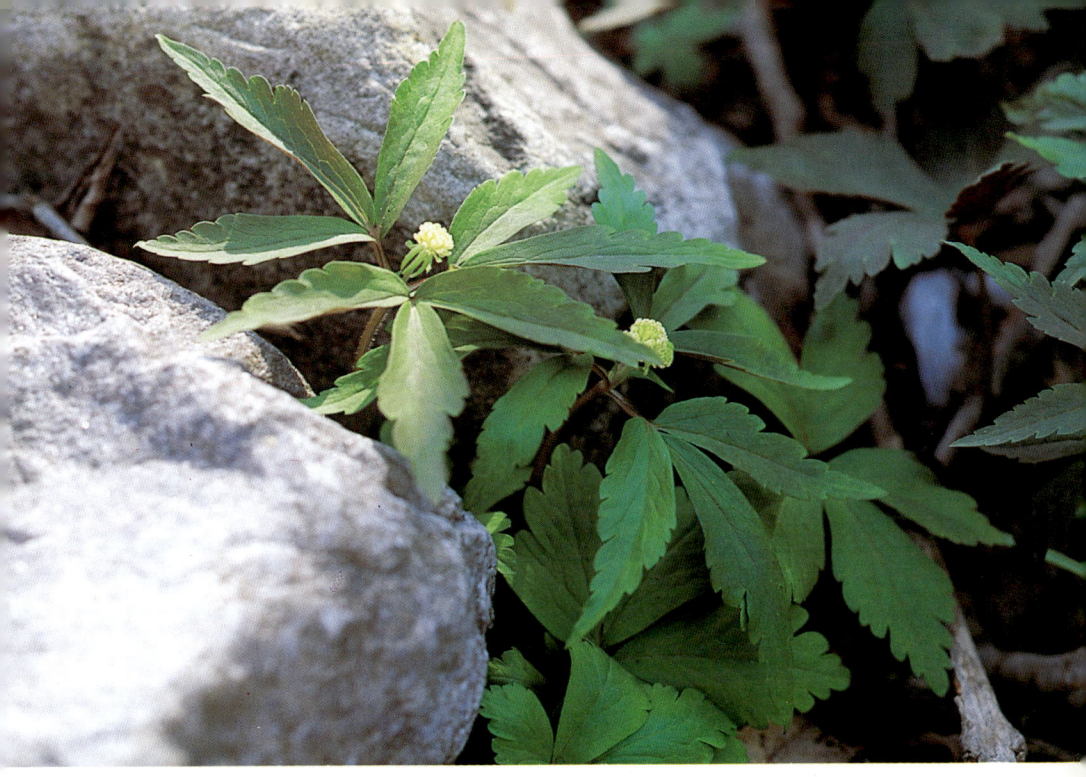

회리바람꽃 　(학명) Anemone reflexa　STEPH. et WILLD.

　고산 지대의 숲속에서 자라는 미나리아재비과의 다년생 초본이며 유독성 식물이다. 심산 지역의 음지에 자라며 대개는 중부 지방, 북부 지방에 분포한다. 강원 지방, 대관령, 오대산 구룡령, 점봉산, 설악산, 치악산 등지의 표고(標高) 1,500미터 안팎의 산 정상 부근 숲속에도 자라며 대관령 이북 지방에 자란다.

　높이 20 내지 30센티미터 정도 자라며 근경(根莖)은 지름 0.2센티미터 정도이고 육질(肉質)이며 옆으로 자라고 끝에서 1개의 화경(花莖)이 나와 꽃이 피며 총포엽(總苞葉)은 3개로서 윤생(輪生)하며 포엽(苞葉)은 3개로 완전히 갈라지고 열편(裂片)은 우상(羽狀)으로 갈라지며 가장자리에 결각상(缺刻狀)의 톱니가 있고 중앙부의 양면에 약간의 백색 긴 털이 있다.

　양끝이 좁고 길이 3 내지 7센티미터, 너비 0.9 내지 2.5센티미터로서 피침형이며 양쪽 열편이 다시 2개로 갈라지는 것도 있다.

　5, 6월에 꽃이 피고 꽃은 백색이며 화경(花梗)은 길이 2, 3센티미터 정도로서 털이 있고 1, 2개가 나와서 끝에 1개의 꽃이 달리며 밑부분에 소포(小苞)가 있다. 꽃받침잎은 5개이고 넓은 선형(線形)이며 길이 0.6센티미터, 너비 0.2센티미터 정도로서 겉에 백색 털이 있고 자방(子房)은 백색의 퍼진 털이 있다.

　7월에 수과(瘦果)된다. 관상용으로 심으며 유독 식물이기에 먹지는 못한다.

　화강편마암계, 대동계, 섬록암계, 변성퇴적암계 등의 토양에 잘 자라며 종자 재배법, 종내 육종법, 생태 육종법, 분주법 등에 의하여 번식된다.

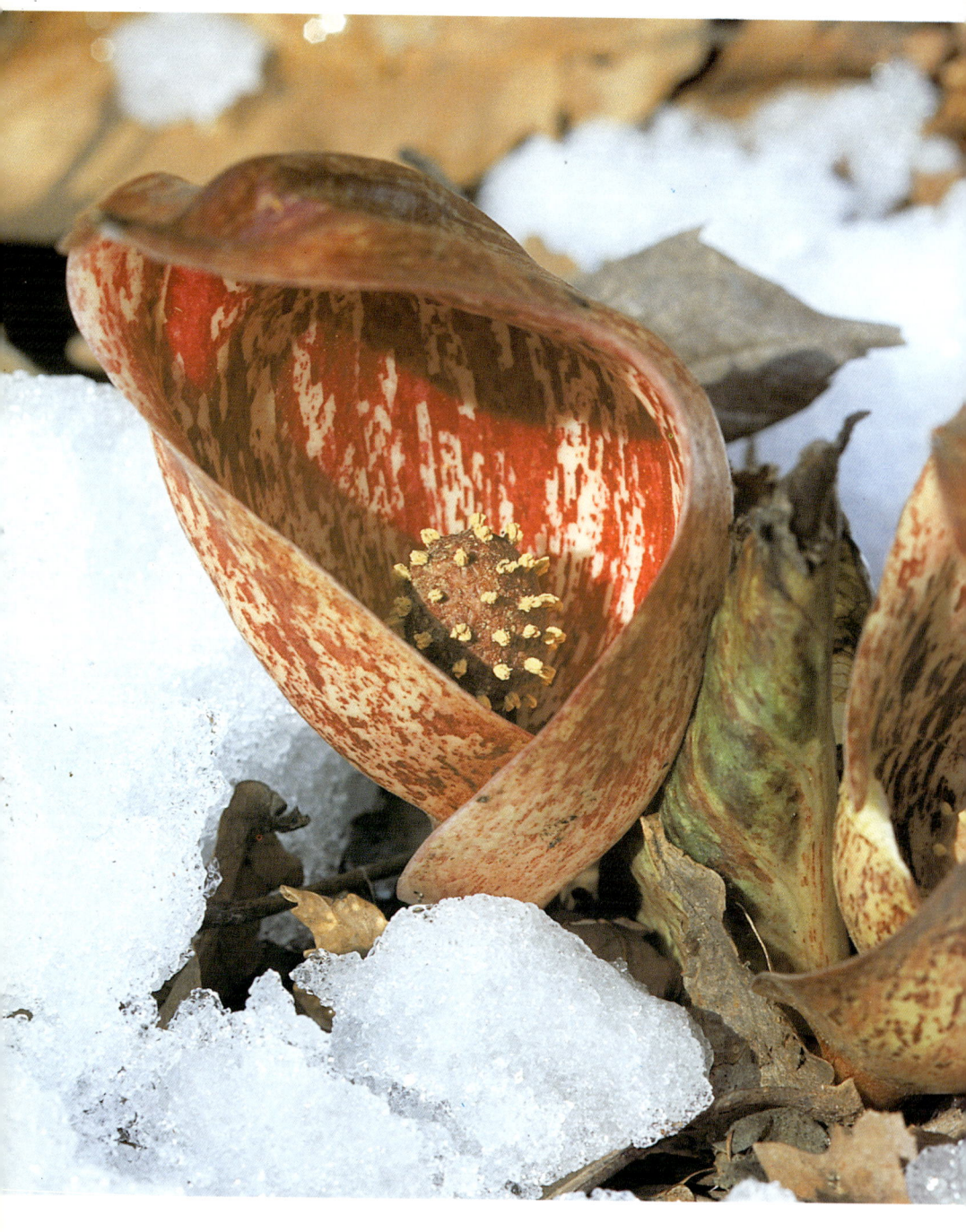

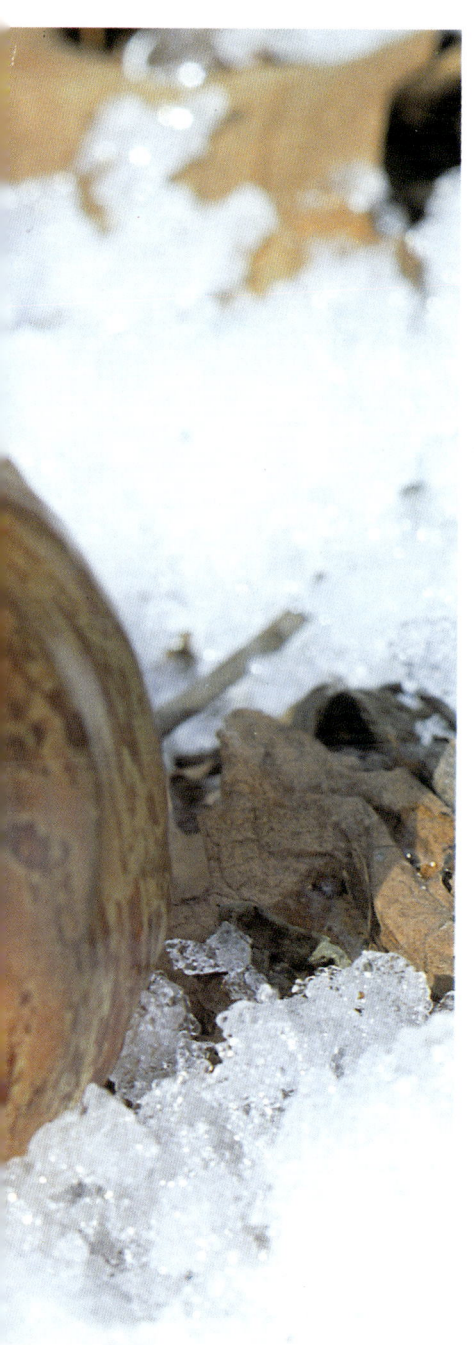

앉은부채　(학명) Symplocarpus renifolius　SCHOTT.

심산 지역의 음습(陰濕)한 곳에서 자라는 천남성과의 다년생 초본이며 유독성 식물(有毒性植物)이다. 섬지방을 제외한 본토(本土)의 고산 지대 특히 태백산맥을 중심으로 각 산맥의 높은 산과 산록(山麓)의 습기가 많은 수림지(樹林地)의 그늘에서 많이 자라고 표고(標高) 1,500미터 안팎의 산에까지 자라며 경기 지방 및 강원 산간에 집중적으로 분포한다.

원줄기는 없으며 꽃의 높이와 풀잎의 길이가 30, 40센티미터 정도 자라며 짧은 근경(根莖)에서 긴 끈 같은 뿌리가 사방으로 뻗는다. 잎은 뿌리에서 나오고 넓은 원심형(圓心形)이고 길이 30, 40센티미터 정도로 뾰족하며 밑부분은 깊은 심장저(心臟底)이고 엽병(葉柄)이 길다.

3, 4월에 꽃이 피고 꽃은 잎보다 먼저 1포기에 1개씩 나오며 화경(花莖)은 길이 10 내지 20센티미터 정도이다. 포(苞)는 길이 8 내지 20센티미터, 지름 5 내지 12센티미터 정도로서 검은 자갈색(紫褐色)이며 같은 색의 반점(斑點)이 있고 흰빛의 무늬처럼 되는 육수 화서(肉穗花序)가 있다. 꽃은 양성(兩性)이며 4개의 꽃잎은 연한 자주색이고 빽빽하게 달려서 거북의 잔등 같으며 4개의 수술에는 황색 꽃밥이 달리고 암술은 1개이며 난형이다.

7월에 장과(漿果)되고 장과는 난형이며 둥글게 모여 달린다.

관상용, 약용으로 쓰이며 관상초로 심고 뿌리를 한방과 민간에서 구약(蒟蒻)과 같이 해소, 이뇨, 거담 등에 약으로 쓴다.

식물 전체에 독성분이 있어 함부로 먹을 수 없으며 전문가에 의하여 사용해야 한다.

화강암계, 반암계, 화강편마암계, 편상화강암계, 분암계, 경상계 등의 토양에 잘 자란다.

계통 분리법, 생태 육종법, 분주법, 종간 잡종법 등에 의하여 번식된다.

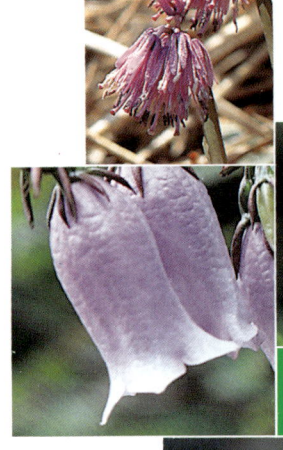

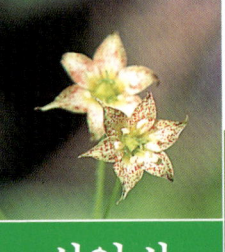

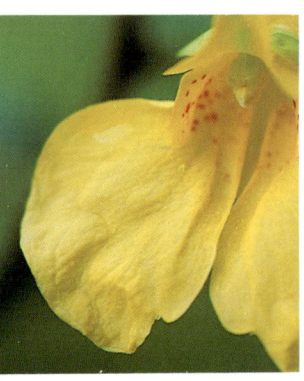

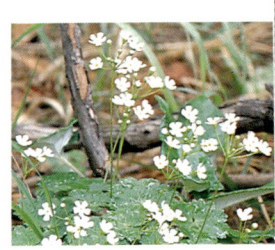

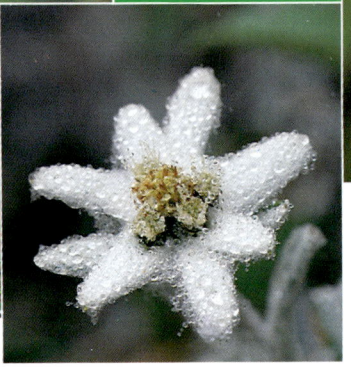

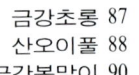

설악산

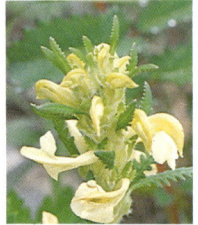

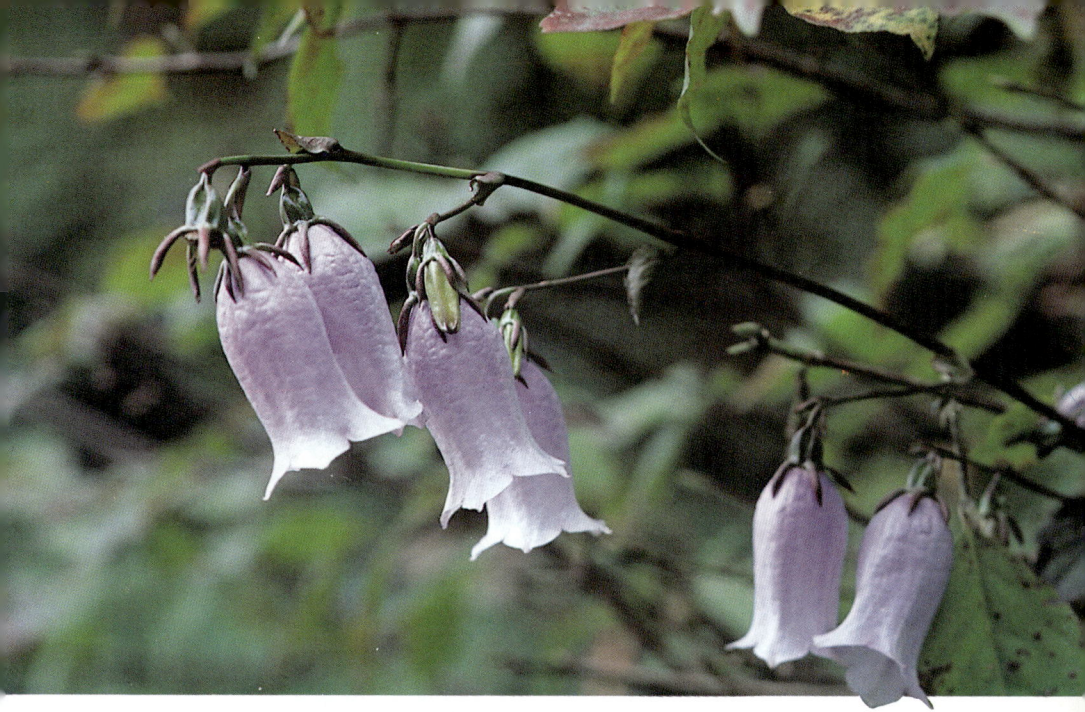

금강초롱 (학명) Hanabusaya asiatica Nakai.

한국 특산 식물이며 심산 지역의 숲속에 자라는 도라지과의 다년생 초본이며 방향성(芳香性) 식물이다. 우리나라 중부 지방, 북부 지방 고산 지대의 숲속 그늘에서 자라며 강원 지방의 금강산, 설악산, 오대산, 명지산 등지의 표고(標高) 800미터 이상의 높은 산 정상 부근까지 자란다.

높이 30 내지 70센티미터 정도 자라고 뿌리가 굵으며 갈라지고 근생엽(根生葉)은 밑부분에 달린다. 인편(鱗片)은 넓은 피침형이며 길이 0.7 내지 1.2센티미터 정도로 4 내지 6개의 잎이 어긋나지만 윗부분의 것은 마디 사이가 짧기 때문에 총생(叢生)한 것 같고 난상 긴 타원형이다.

털이 거의 없으나 윗부분에 약간 있고 길이 5.5 내지 15센티미터, 너비 2.5 내지 7센티미터 정도로서 끝이 뾰족하며 밑부분이 원저(圓底) 또는 아심장저(亞心藏底)이고 가장자리에 안으로 굽은 불규칙한 톱니가 있다.

8, 9월에 꽃이 피고 꽃은 연한 자주색 또는 흰색으로 피며 길이 4.5 내지 4.8센티미터, 지름 2센티미터 정도로 밑을 향해 달린다. 꽃받침은 5개로서 갈라지고 열편(裂片)은 길이 0.1센티미터, 중앙부의 너비 0.2센티미터로서 털이 없으며 약간의 윤채(潤彩)가 나고 말린다. 수술은 5개이고 수술대는 밑부분이 넓고 가장자리에 털이 있으며 꽃밥은 길이 0.9센티미터 이하이고 암술대는 끝에 털이 있으며 끝이 3개로 갈라져서 말린다.

10월에 삭과(蒴果)된다. 식용, 관상용, 약용으로 쓰이며 어린잎을 나물로 먹으며 화단의 관상초 및 뿌리를 민간에서 천식, 인후염 등의 약으로 쓴다.

화강암계, 화강편마암계, 변성퇴적암계의 토양에 잘 자라며 생태 육종법, 종간 잡종법, 분주법, 실생법 등에 의하여 번식된다.

산오이풀　(학명) Sanguisorba hakusanensis　Makino.

고산 지대의 초원지 및 숲속이나 고원지에 자라는 장미과의 다년생 초본이다.

우리나라 중부 및 북부, 남부 일부 지방의 높은 지대 표고(標高) 1,000미터 이상 산 정상 1,500미터 안팎의 풀밭이나 수림지 아래에서 자라며 경상남도 지리산, 강원도 대관령, 설악산, 금강산 등지의 큰 산 고원에 자란다.

높이 40 내지 80센티미터이고 털이 거의 없으며 근경(根莖)이 옆으로 뻗고 근생엽(根生葉)은 엽병(葉柄)이 길며 4 내지 6상의 소엽(小葉)으로 구성된 기수 1회 우상 복엽(奇數一回羽狀複葉)이다. 소엽은 타원형이며 길이 3 내지 6센티미터, 너비 1.5 내지 3.5센티미터 정도로서 끝이 둥글고 밑부분이 원저(圓底) 또는 심장저이며 표면에 털이 없고 뒷면은 분백색(粉白色)이며 가장자리에 톱니가 있다.

소엽병(小葉柄)은 길이 0.7센티미터 이하이고 경생엽(莖生葉)은 보다 작으며 뒷면 밑부분에 대개 복모(伏毛)가 있다.

8, 9월에 꽃이 피고 꽃은 홍자색(紅紫色)이며 가지 끝에 길이 4 내지 10센티미터, 지름 1센티미터 정도의 긴 원주형(圓柱形)의 화서(花序)가 밑으로 처지고 수상(穗狀)으로 다닥다닥 달려서 원주형으로 되고 위에서부터 피기 시작하며 화경(花梗)에 밀모(密毛)가 있다.

꽃받침통은 난상 원형으로서 네모지고 4개의 열편(裂片)은 뒤로 젖혀지며 꽃잎은 없고 수술은 9 내지 11개이고 길이 0.7 내지 1센티미터이며 수술대는 편평하고 윗부분이 넓으며 홍자색이고 꽃밥은 마르면 황갈색으로 되며 밑부분이 짙은 색깔이다.

10월에 장과(漿果)되고 장과는 4개의 능선(稜線)이 있다.

관상용, 밀원용, 약용으로 쓰이며 화단의 관상초로 심고 꿀이 많아 밀원 식물(蜜源植物)로 쓴다. 뿌리를 한방 및 민간에서 지유(地楡)와 같이 지혈, 산후 복통 등의 약으로 쓰며 부드러운 잎을 식용한다.

화강암계, 화강편마암계, 변성퇴적암계 등의 토양에 잘 자라며 분근법, 삽목법, 종간 잡종법, 접목법 등에 의하여 번식된다.

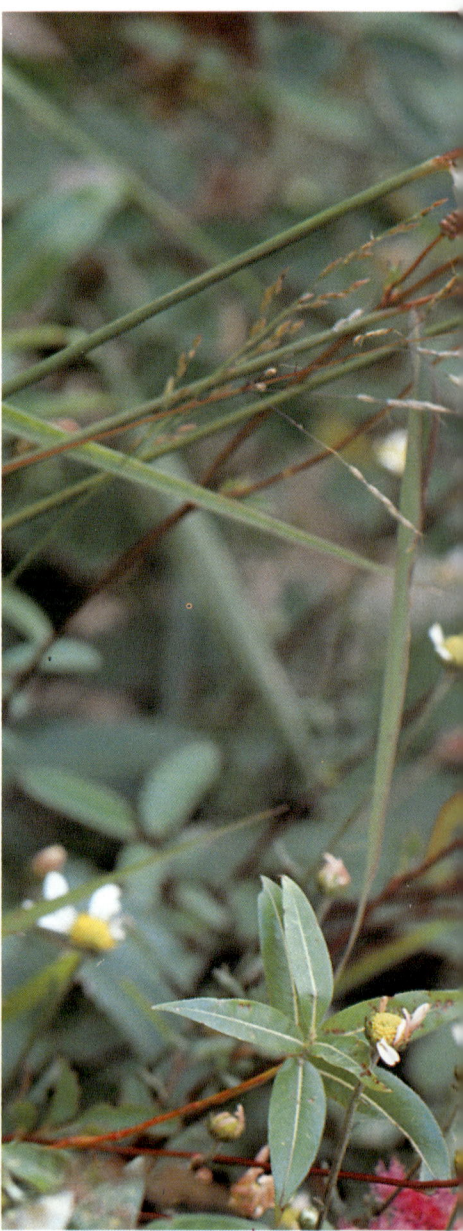

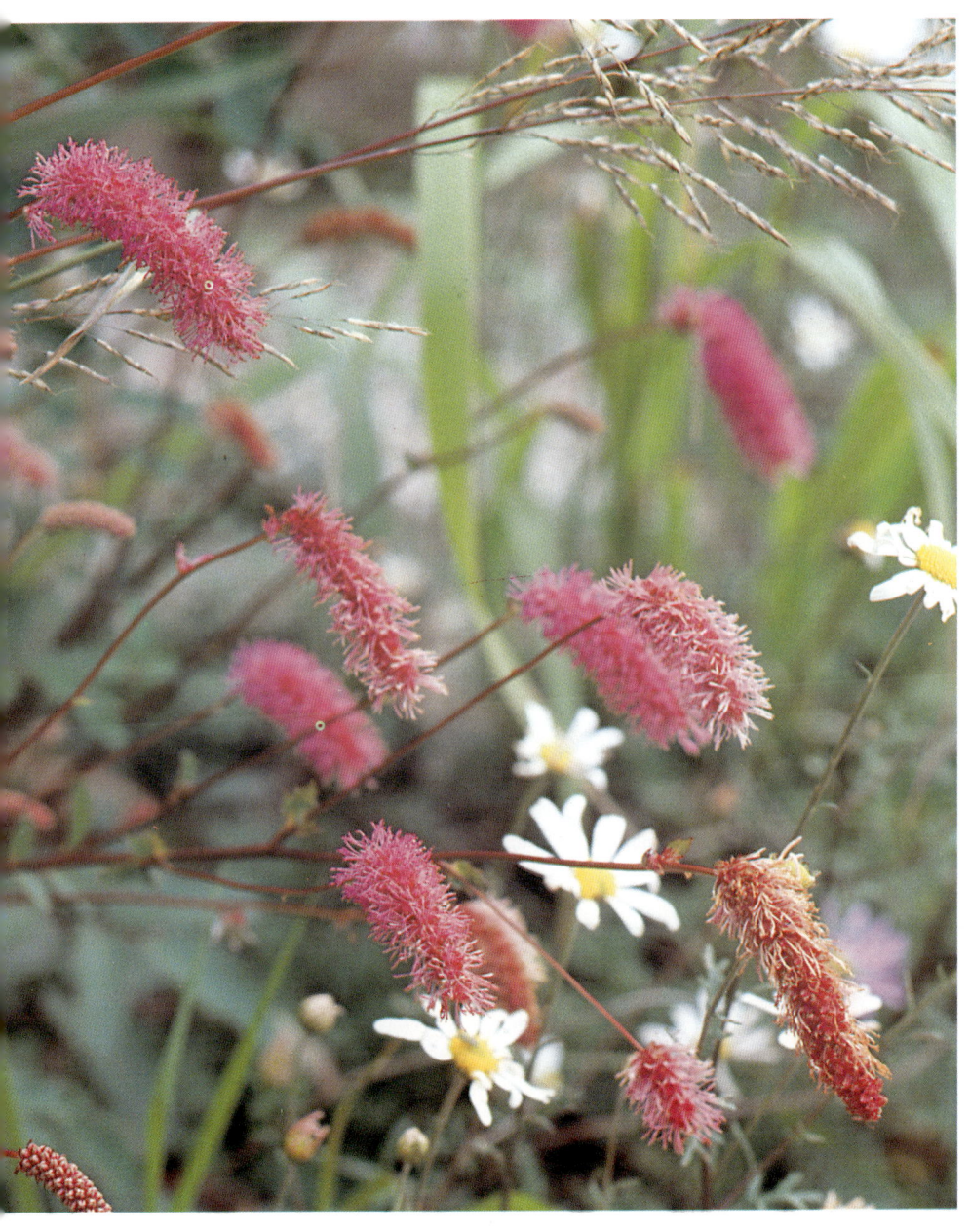

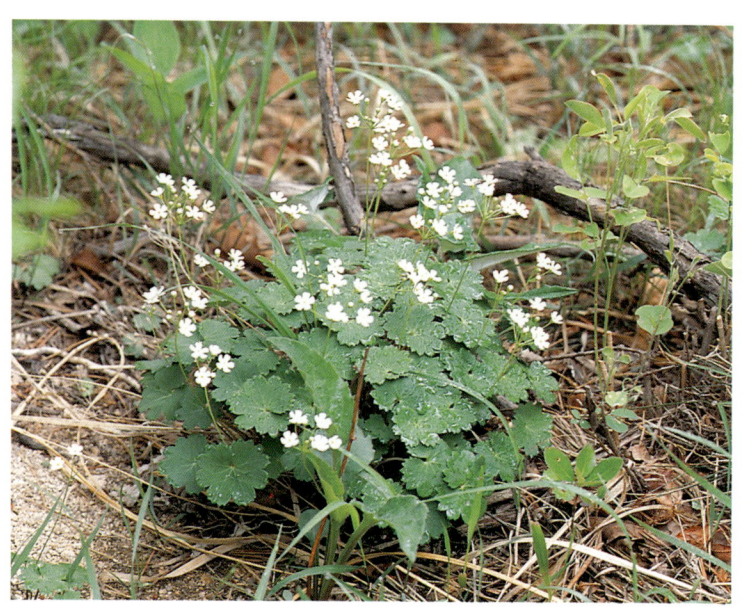

금강봄맞이 (학명) Androsace cortusaefolia Nakai.

한국 특산 식물이며 고산 지대의 바위틈에서 자라는 앵초과의 다년생 초본이다.

우리나라 중부 지방, 강원도 금강산 및 설악산 등지의 표고(標高) 1,000미터 이상의 높은 지대 바위틈 등에 많이 자라는 풀이다.

높이 8 내지 12센티미터 정도이며 근경(根莖)이 짧고 끝에 분해된 엽병(葉柄)의 섬유(纖維)가 남아 있으며 모든 잎이 뿌리에서 모여 나오며 잎은 원신형(圓腎形)이고 7 내지 11개로 갈라진다.

열편(裂片)은 중앙까지 3개로 갈라지거나 톱니가 있거나 또는 밋밋하다. 표면은 녹색이고 털이 없으며 뒷면은 색이 연하거나 흰빛이 돌며 엽병(葉柄)은 길이 3 내지 6센티미터이다. 6월에 꽃이 피고 꽃은 흰색으로 피며 화경(花莖)은 길이 7 내지 12센티미터 정도로서 끝에 7 내지 17개의 꽃으로 된 1개의 산형 화서(傘形花序)가 달린다. 포(苞)는 4, 5개이고 피침형이며 길이 0.3센티미터 이하거나 난형으로서 길이 0.6센티미터 이하이고 소화경(小花梗)은 길이 0.3 내지 1.6센티미터 정도이다.

꽃받침은 통형(筒形)이며 길이 0.4센티미터 미만이며 끝이 5개로 갈라지고 화관(花冠)은 흰색이며 통부(筒部)는 길이 0.2 내지 0.25센티미터이고 열편은 도란형이며 길이 0.3센티미터 미만으로 아중(芽中)에서 기왓장처럼 포개진다.

수술은 대가 거의 없고 꽃잎과 마주나며 꽃밥은 황색이다.

8월에 삭과(蒴果)되고 삭과는 둥글며 꽃받침보다 약간 짧고 끝이 5개로 갈라진다. 식용, 관상용으로 쓰이며 어린잎은 식용하고 화단의 관상초로 심는다.

화강편마암계의 토양에 잘 자라며 분주법, 종자 재배법, 종간 잡종법, 계통 분리법 등에 의하여 번식된다.

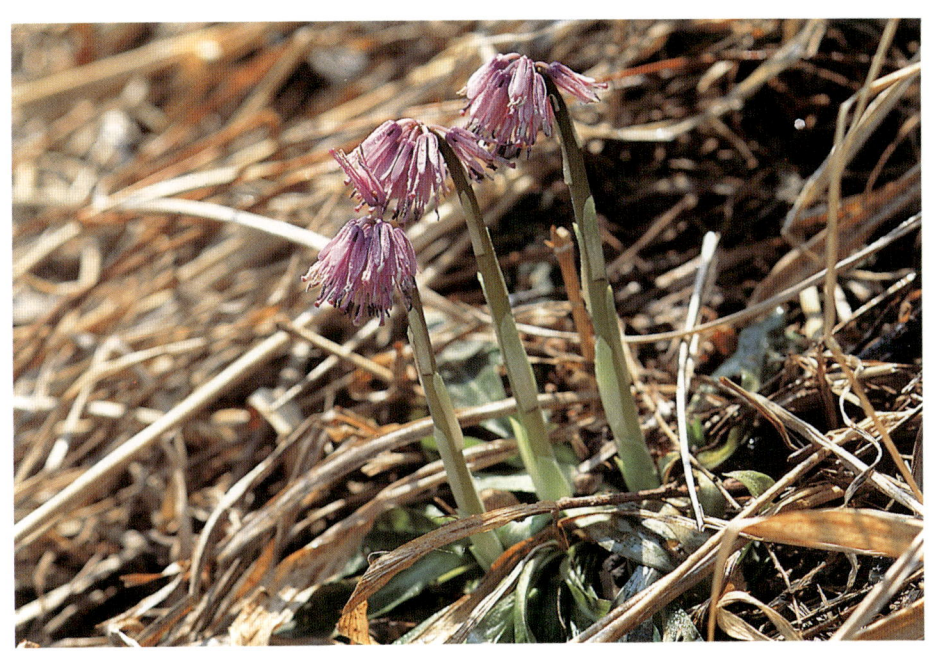

처녀치마 (학명) Heloniopsis orientalis koidzumi. var. purpurea Nakai.

섬지방을 제외한 본토(本土)의 산음지(山陰地)에 자라는 다년생 초본이다.

각 지방의 산 낮은 지대에서부터 표고(標高) 1,500미터 안팎의 높은 산 정상 부근에 까지 분포하며 겨울에도 풀잎이 남아 있는 풀이기도 하며 태백산맥의 줄기를 따라서 길게 분포한다.

높이 6 내지 30센티미터 정도까지 자라며 약간의 습기가 있는 곳에서 잘 자라며 근경(根莖)이 짧고 곧으며 잎은 방석 모양으로 사방으로 퍼지며 도피침형(倒披針形) 이고 길이 6 내지 20센티미터 정도로서 끝이 뾰족하고 털이 없다.

4월에 꽃이 피고 꽃은 담홍자색이며 3 내지 10개가 총상(總狀)으로 달리며 화경(花 莖)은 높이 10 내지 30센티미터로서 포(苞) 같은 잎이 달리며 꽃이 필 때 새로운 잎이 방석처럼 묵은 잎 위에서 돋아난다.

소화경(小花莖)은 열매가 익을 때는 길이 1.5 내지 2센티미터 정도이고 화피 열편 (花被裂片)은 6개로서 도피침형이며 길이 1 내지 1.5센티미터 정도이다.

수술은 6개이고 수술대는 화피보다 길다. 8월에 삭과(蒴果)되고 삭과는 마른 화피로 싸이고 위를 향하여 3개의 능선(稜線)이 있고 포간(胞間)으로 터진다.

종자(種子)는 선형이며 길이 0.5센티미터 정도로서 양쪽 끝이 좁다.

관상용으로 심으며 화강암계, 반암계, 화강편마암계, 편상화강암계, 분암계, 경상계 등의 토양에 잘 자란다.

분주법, 종간 잡종법, 계통 분리법, 생태 육종법 등에 의하여 번식된다.

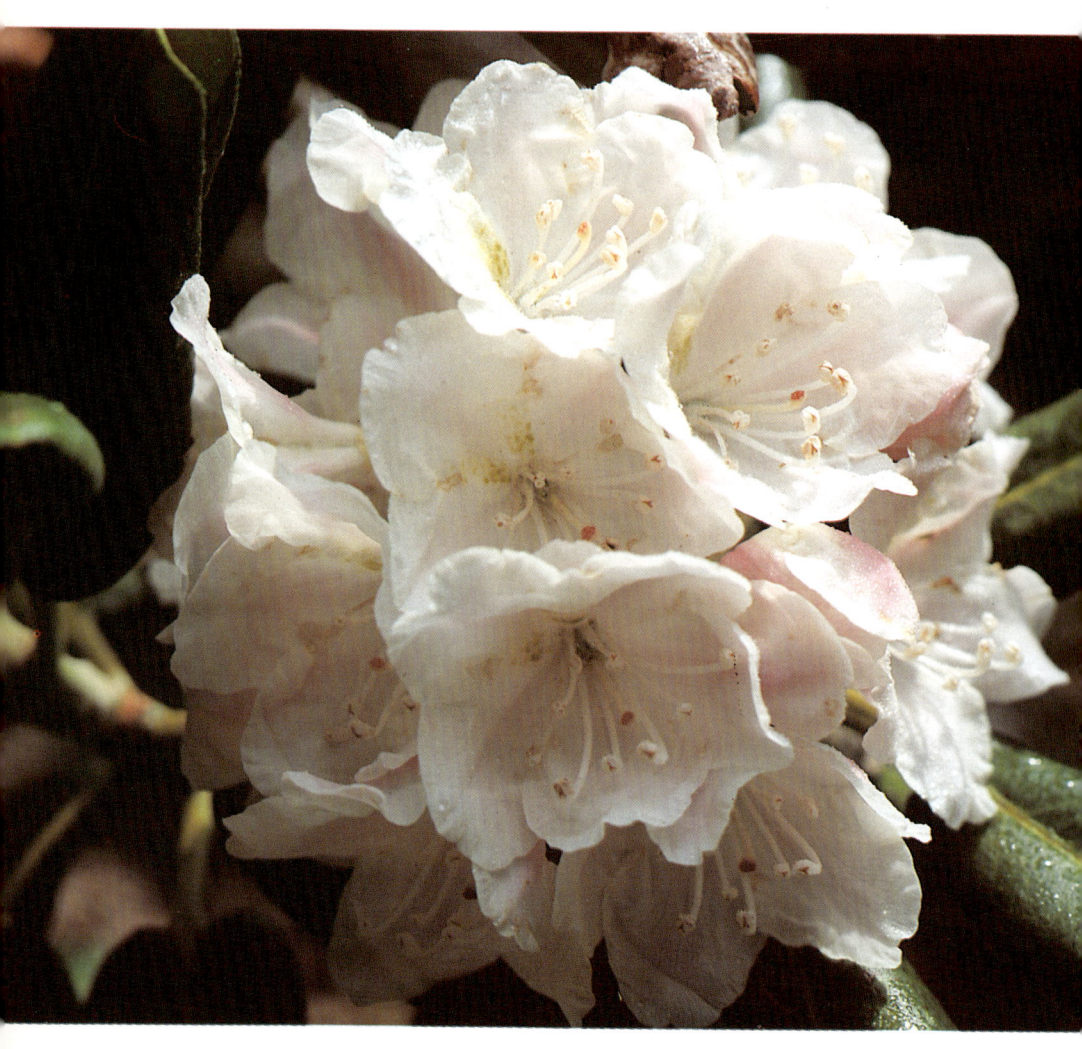

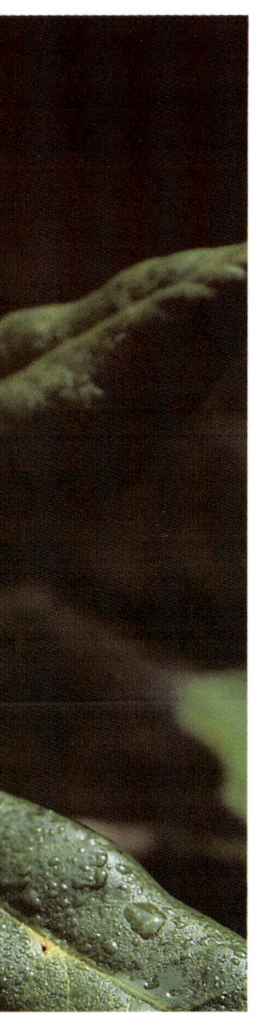

만병초 (학명) Rhododendron brachycarpum D. DON.

고산 지대의 정상 부근에서 자라는 진달래과의 상록관목(常綠灌木)이다. 대개는 산정상의 수림 속에서 자라며 수직적으로는 표고(標高) 700 내지 2,200미터, 수평적으로는 전라북도, 경상남북도, 강원도, 평안남도, 함경남북도, 지리적으로는 일본에까지 분포한다.

우리나라에는 남부 지방의 지리산, 경상북도의 울릉도, 강원도 설악산 등지의 높은 산에 자란다.

높이 3, 4미터 정도 자라고 어린 가지에 회색 털이 밀생(密生)하지만 곧 없어지고 갈색으로 변한다.

잎은 어긋나지만 가지 끝에서는 5 내지 7개가 총생(叢生)하고 타원형 또는 타원상 피침형이다. 둔두(鈍頭) 예저(銳底)이고 길이 8 내지 20센티미터, 너비 2 내지 5센티미터 정도로서 표면은 짙은 녹색이며 주름살이 진 것 같고 뒷면은 회갈색(灰褐色) 또는 연한 갈색 털이 밀생하며 가장자리에는 톱니가 없고 뒤로 약간 말린다.

엽병(葉柄)은 길이 1 내지 3센티미터 정도로 회색 털이 밀생하지만 곧 없어진다.

7월에 꽃이 피고 꽃은 백색 또는 연한 황백색, 연한 홍백색이며 10 내지 20개가 가지 끝에 달리고 화경(花莖)에 털이 있으며 꽃받침은 짧고 5개로 갈라진다.

화관(花冠)은 깔때기 모형이고 백색 또는 연한 홍백색, 황백색이며 안쪽 윗면에 녹색 반점이 있다. 수술은 10개로서 길이가 서로 다르고 수술대 기부(基部)에 털이 있으며 자방(子房)에 갈색 털이 밀생하고 암술대에는 털이 없다.

9월에 삭과(蒴果)되고 삭과는 길이 2센티미터 이상이다.

관상용, 약용으로 쓰이며 정원의 관상수 및 잎을 이뇨, 건위, 강장 등의 약으로 민간에서 쓴다.

현무암계, 화강암계, 화강편마암계, 반암계, 변성퇴적암계, 편상화강암계, 경상계, 분암계 등의 토양에 잘 자란다.

계통 분리법, 종내 잡종법, 삽목법, 분주법 등에 의하여 번식된다.

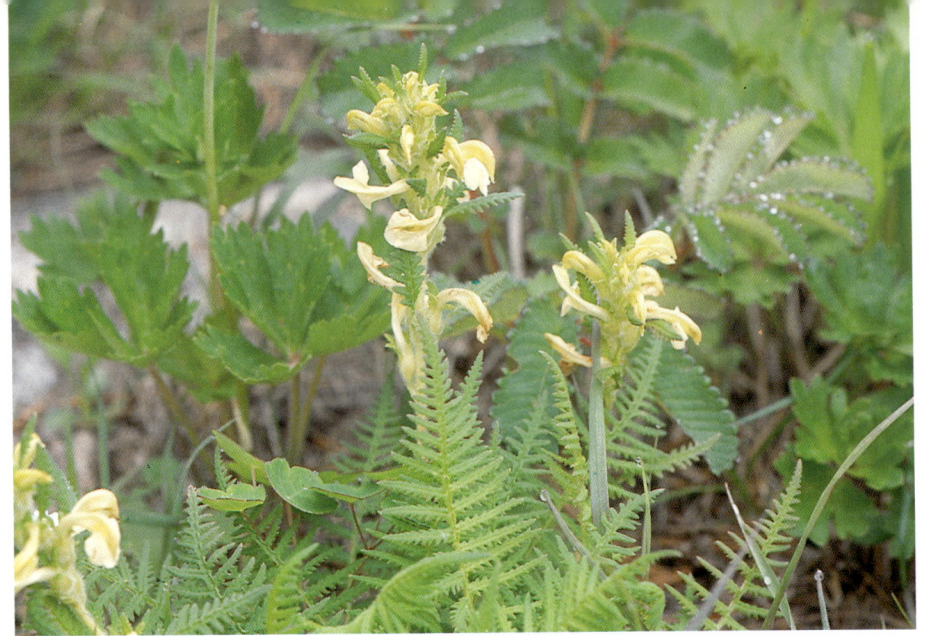

만주송이풀 (학명) Pedicularis manshurica MAX.

고산 지대의 숲속이나 초원에 자라는 현삼과의 다년생 초본이다.

우리나라 중부, 북부 지방의 고산지 정상 부근, 강원도 금강산, 설악산, 평안북도 묘향산, 함경남도 서일봉, 함경북도 관모봉, 백두산 등지의 높은 산에 자라는 풀이다.

높이 30센티미터 정도 자라고 줄기 능선을 따라 줄지어 돋은 잔털이 있으며 잎은 1회 우상복엽(一回羽狀複葉)으로서 밑에서 총생(叢生)하며 가장자리에 막질(膜質)의 인엽(鱗葉)이 달리고 길이 15 내지 20센티미터 정도로서 털이 없고 열편은 피침형 또는 선형(線形)이다.

상하(上下)로 갈수록 짧아지고 작아지며 중앙부의 가장 큰 우편(羽片)은 길이 2.3센티미터, 너비 0.7센티미터 정도로서 우상(羽狀)으로 깊게 갈라지고 열편은 피침형이며 톱니가 있다.

경생엽(莖生葉)은 근생엽(根生葉)과 비슷하지만 점차 작아져서 포엽(苞葉)으로 되고 엽병 가장자리에 긴 털이 있다.

5, 6월에 꽃이 피고 꽃은 황색이며 화경(花莖)은 길이 30센티미터 정도이다. 꽃받침은 길이 1.7센티미터로서 윗부분이 갈라지고 열편은 길이 0.7센티미터로서 밑부분의 가장자리에 털이 있으며 윗부분은 우상(羽狀)으로 갈라져서 작은 포(苞)같이 되고 톱니가 있다.

화관(花冠)은 길이 2.5센티미터로서 양순형(兩脣形)이며 상순(上脣)이 활처럼 앞으로 굽는다. 10월에 삭과(蒴果)되고 삭과는 긴 난형이며 길이 1.2센티미터 정도로서 2개로 갈라진다. 관상용, 밀원용으로 쓰이며 화단의 관상초로 심으며 꿀이 많아서 밀원 식물(蜜源植物)로서 쓰인다.

화강암계, 화강편마암계, 변성퇴적암계 등의 토양에 잘 자라며 분주법, 종간 잡종법, 종자 재배법 등에 의하여 번식된다.

노랑물봉선 (학명) Impatiens noli-tangere L.

심산 지역의 산골짜기 또는 고산 지대의 산골짜기 등에 자라는 봉선화과의 1년생 초본이며 유독성 식물이다. 우리나라 중부 및 북부 지방의 고산지 풀밭에 자라며 대개는 습지(濕地)에 많이 자란다.

경상북도 울릉도 및 경기도, 강원도의 산간 지역 태백산맥의 등줄기를 따라 길게 분포한다. 이들은 낮은 곳부터 백두산 표고 1,300미터 지점까지 분포한다.

높이 50 내지 60센티미터 정도 자라고 육질(肉質)이며 가지가 많이 갈라지고 특히 마디가 두드러지게 튀어나온다.

잎은 어긋나고 긴 타원형이며 끝이 둔하고 밑부분이 뾰족하며 잎자루를 제외한 길이 4 내지 8센티미터, 너비 2.5 내지 4센티미터 정도로서 표면은 회청색(灰青色)이고 뒷면은 흰빛이 돌며 가장자리에는 둔한 톱니가 있고 밑부분의 톱니는 실같이 가늘다. 총상 화서(總狀花序)는 엽액(葉腋)에서 밑으로 처지며 1 내지 5개의 꽃이 달리며 7월에서 9월에 꽃이 피고 꽃은 연한 황색이며 지름 2센티미터 정도이고 안쪽에는 적갈색 반점이 있으며 흔히 폐쇄화(閉鎖花)도 있고 포(苞)는 선형이며 거(距)가 밑으로 굽는다.

8월부터 삭과(蒴果)되고 삭과는 피침형이며 사람이 접근하면 탄력적으로 터져 버리면서 종자(種子)가 멀리 튀어나간다.

관상용, 공업용, 약용으로 쓰이며 화단의 관상초 및 풀 전체에서 염색(染色)의 원료를 추출하고 민간에서 종자를 소화, 해독 등의 약으로 쓴다.

현무암계, 화강암계, 섬록암계 등의 토양에 잘 자라고 종간 잡종법, 계통 분리법, 실생법 등에 의하여 번식된다.

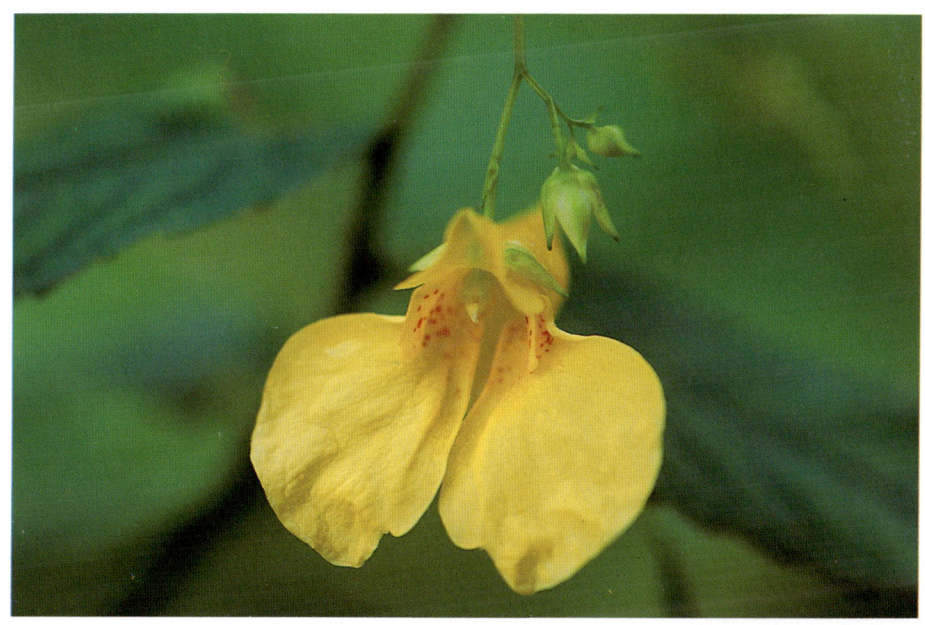

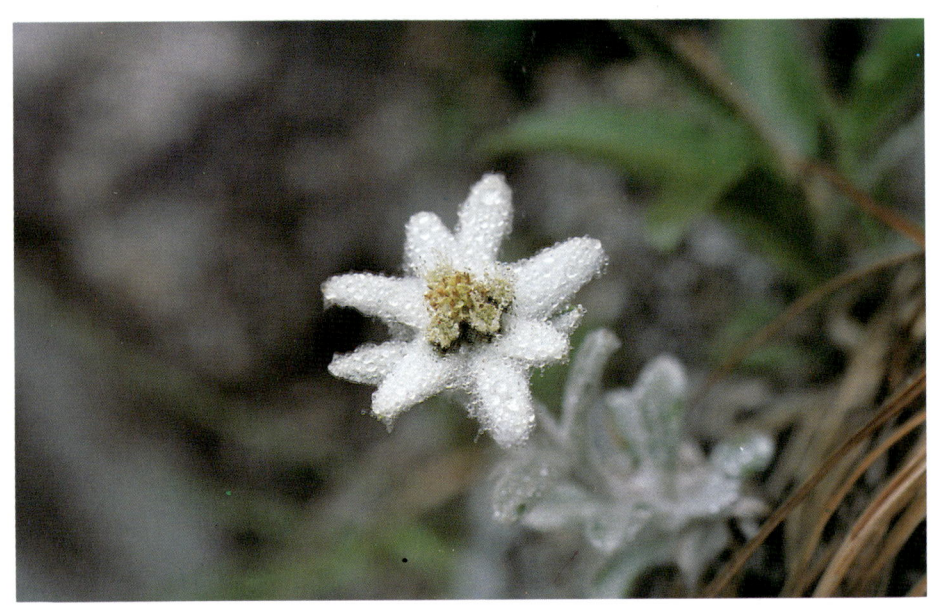

솜다리   (학명) Leontopodium coreanum   Nakai.

한국 특산 식물이며 고산 지대의 바위틈에 자라는 국화과의 다년생 초본이다.

우리나라 제주도의 한라산 정상 부근 및 중부 지방의 고산지 설악산의 표고(標高) 1,000미터 이상 금강산 등지의 높은 지대 바위틈에 자라는 풀이다.

높이 15 내지 25센티미터 정도 자라며 밑부분이 묵은 잎으로 덮여 있고 화경(花莖)과 무화경(無花莖)이 총생(叢生)하며 화경은 면모(綿毛)로 싸여 있고 때로는 회백색(灰白色)이 난다.

무화경의 잎은 도피침형(倒披針形)이며 길이 2 내지 7센티미터, 너비 0.6 내지 1.2센티미터 정도로서 밑부분이 좁아져서 엽병(葉柄)처럼 되고 표면에 면모가 약간 있으며 뒷면은 회백색이다. 화경 밑의 근생엽(根生葉)은 꽃이 필 때 없어지지만 밑부분의 것은 남아 있고 중앙부의 잎보다 작다. 중앙부의 잎은 퍼지고 긴 타원형이며 길이 3 내지 6센티미터, 너비 0.7 내지 1.5센티미터 정도로서 잎자루가 없다.

포엽(苞葉)은 드문드문 달리고 긴 타원형이며 길이 1 내지 2.5센티미터, 너비 0.4 내지 0.7센티미터로서, 백색 털이 밀생(密生)하고 약간 누런빛이 돈다. 5월에서 7월에 꽃이 피고 꽃은 회백색이며 두화(頭花)는 잡성(雜性)으로서 8 내지 16개가 두상(頭狀)으로 달리며 화경(花梗)은 길이 0.1 내지 2센티미터이고 총포(總苞)는 구상 종형(球狀鐘形)이며 길이 0.4센티미터, 넓이 0.5센티미터 미만이고 포편(苞片)은 3줄로 배열되며 가장자리가 흑색이고 뒷면에 털이 밀생한다. 10월에 수과(瘦果)되고 수과는 긴 타원형이며 길이 0.1센티미터 정도로서 짧은 털이 밀생한다.

식용, 관상용으로 쓰이며 어린순은 나물로 먹으며 관상용, 표본용으로 쓰인다.

현무암계, 화강편마암계, 화강암계, 변성퇴적암계 등의 토양에 잘 자라며 실생법,생태 육종법 등에 의하여 번식된다.

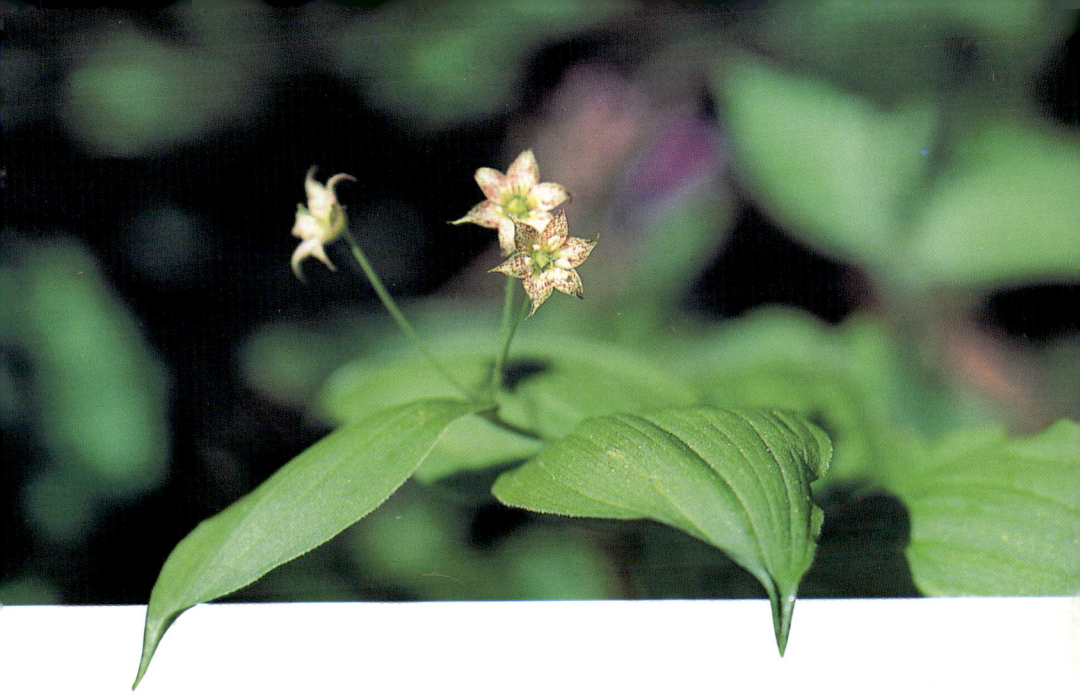

금강애기나리 　(학명) Disporum ovale OHWI.

진부애기나리라고 불리기도 하는 한국 특산 식물이며 백합과의 다년생 초본이다.
우리나라 중부 지방의 고산 지대 표고(標高) 1,500미터 안팎의 높은 산 정상 부근
숲속 그늘에서 자라며 금강산, 설악산, 구룡령, 오대산 등지의 높은 지대에서 자라는
풀이다. 깊은 골짜기의 숲속에도 자라며 높이 30 내지 60센티미터 정도 자라고 윗부
분이 옆으로 처지며 밑부분이 막질(膜質)의 엽초(葉鞘)로 싸이고 가운데 근처에서
5, 6개의 잎이 어긋나지만 가지가 있을 때에는 잎이 보다 많이 달린다.
잎은 난형, 긴 타원형 또는 타원형이며 길이 5, 6센티미터, 너비 2 내지 3.5센티미터
정도로서 수평으로 퍼지고 양면에 털이 없으며 뒷면 밑부분과 가장자리에 잔돌기가
있고 끝이 뾰족하며 밑부분에서는 원줄기를 감싼다.
엽맥(葉脈)은 5 내지 7개가 뒷면에 튀어나오고 맥 사이에서 3 내지 5개의 작은 맥이
그물 모형을 이룬다.
6월에서 8월에 꽃이 피고 꽃은 백록색(白綠色) 바탕에 자주색 반점이 나 있으며 원줄
기와 가지 끝에 1 내지 3개가 산형(傘形)으로 달린다. 소화경(小花梗)은 길이 2센티미
터 또는 그 이상이며 털이 없고 화피 열편(花被裂片)은 피침형이며 끝이 날카롭고
뒤로 젖혀진다. 수술은 길이 0.4센티미터이며 꽃밥은 잘고 자방(子房)은 둥글며 털이
없고 너비 0.2센티미터 미만으로 3실(室)이고 각각 2개의 배주(胚珠)가 들어 있다.
암술대는 자방보다 약간 길며 털이 없고 끝이 3개로 갈라져서 젖혀진다.
8월에 장과(奬果)되고 장과는 둥글고 흑색으로 익는다.
식용, 약용으로 쓰이며 어린순과 뿌리를 식용으로 하며 민간에서 자양, 강장 등의
약으로 쓰인다.
화강암계의 토양에 잘 자라고 분주법, 삽목법, 종간 잡종법, 계통 분리법, 생태 육종법
등에 의하여 번식된다.

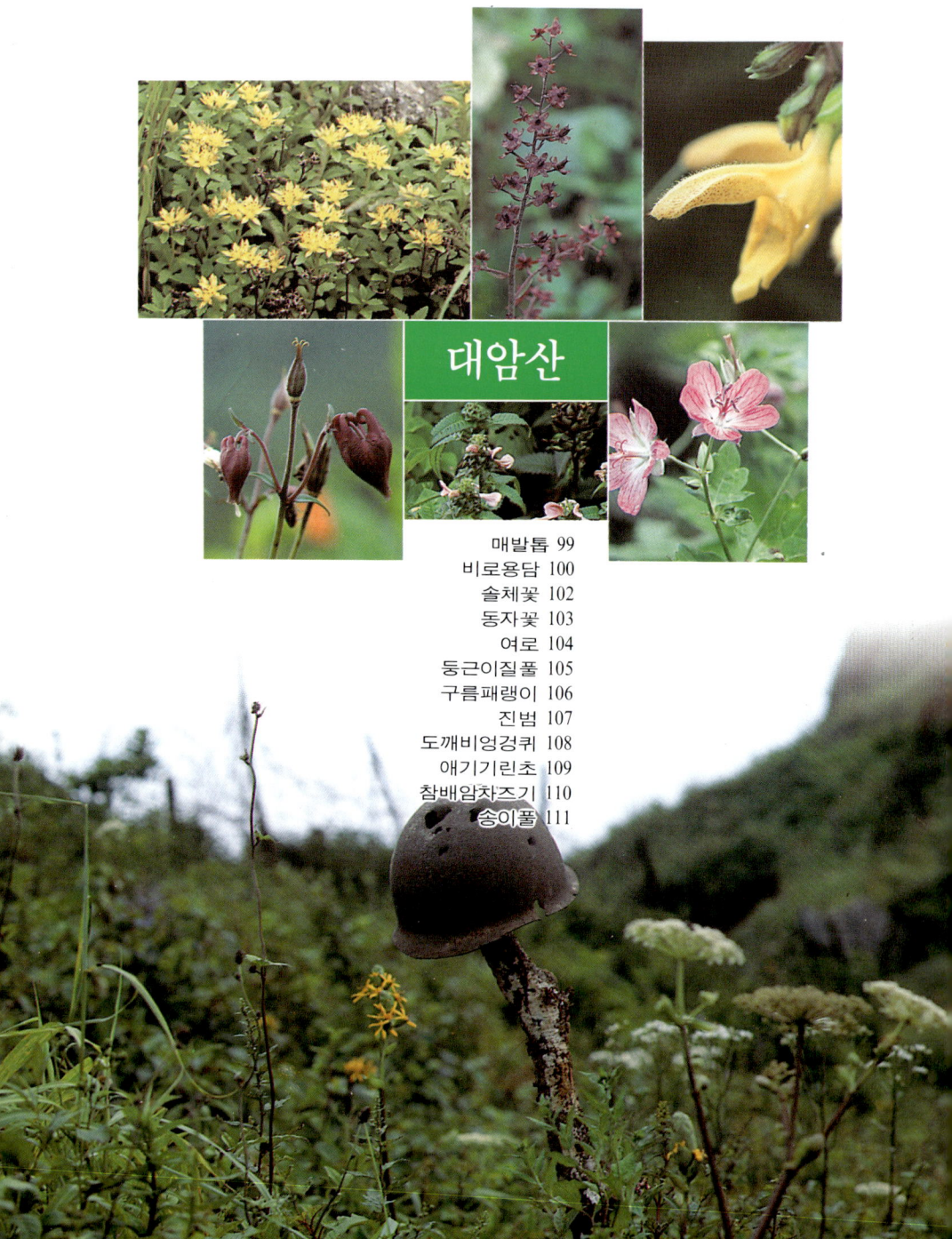

대암산

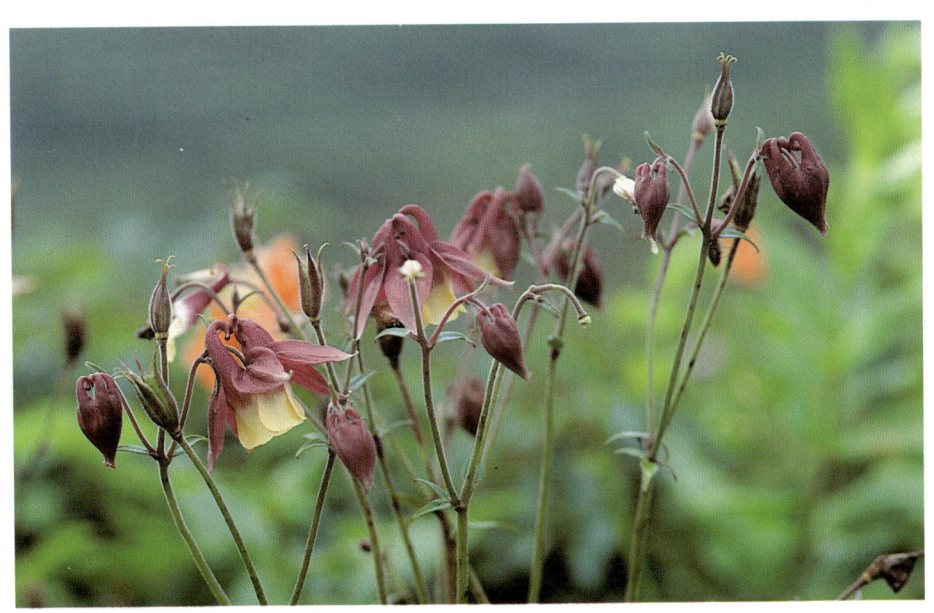

매발톱 (학명) Aquilegia buergeriana var. oxycepala Miq.(Truuts et Mey)   KITA-
MURA.

매발톱꽃이라 불리기도 하는 심산 지역의 초원지 등에 자라는 미나리아재비과의
다년생 초본이며 유독성 식물이다.

우리나라 제주도 한라산 및 남부 지방의 지리산, 중부 지방의 강원도 대관령을 중심
으로 하여 태백산맥의 등줄기를 타고 표고(標高) 1,300미터 산 정상 부근까지 길게
분포하며 강원 북부의 휴전선 고지대 대암산 정상에도 자란다.

높이 50 내지 100센티미터 정도 자라며 비교적 햇빛이 잘 쪼이는 초원에 자라며
윗부분이 약간 갈라진다.

근생엽은 엽병(葉柄)이 길며 2회 3출엽(二回三出葉)이고 소엽(小葉)은 넓은 쐐기형이
며 2, 3개씩 얕게 갈라지고 다시 2, 3개씩 갈라지며 열편(裂片)은 끝이 둥글고 양면에
털이 없으며 뒷면이 분백색(粉白色)이다. 경생엽(莖生葉)은 3개로서 윗부분의 것일수
록 엽병이 짧고 작으며 엽병은 밑부분이 넓고 막질(膜質)이다.

6월에서 8월에 꽃이 피고 꽃은 갈자색이며 지름 3센티미터 정도로서 가지 끝에서
밑을 향하여 달리며 꽃받침잎은 5개로서 길이 2센티미터 정도이다.

꽃잎은 길이 1.2 내지 1.5센티미터 정도로서 연한 황색이 돌고 거(距)는 꽃잎과 길이
가 비슷하며 안쪽으로 말린다.

수술은 많으며 암술은 5개이고 자방(子房)은 좁고 길며 화주(花柱)는 길다. 9월에
골돌(蓇葖)되고 골돌은 5개이며 털이 나 있다.

관상용으로 심으며 현무암계, 화강암계, 화강편마암계, 변성퇴적암계 등의 토양에
잘 자라며 종자 재배법, 생태 육종법, 무성 번식법, 분주법 등에 의하여 번식된다.

비로용담 (학명) Gentiana jamesii HEMSL.
고원 지대의 초원지 등에서 자라는 용담과의
다년생 초본이다.

우리나라 중부 및 북부 지방 등의 고산지에
자라며 강원 북부 지방 양구군 대암산 정상
표고(標高) 1,200미터의 습지대, 백두산 표고
2,000미터 이상 수목 한계선 위의 산중복
등에서 자란다.

높이 5 내지 12센티미터 정도 자라며 줄기는
4각(四角)이 지며 흔히 적자색이 돌고 밑부분
에서 실 같은 포복지(匍匐枝)가 옆으로 뻗으
면서 소엽(小葉)이 달린다.

경생엽(莖生葉)은 마주나고 5 내지 10쌍이고
중앙엽(中央葉)은 넓은 피침형 또는 긴 타원
형이며 엽병(葉柄)이 없고 길이 0.7 내지
1.5센티미터, 너비 0.3 내지 0.6센티미터
정도로 끝이 둔하며 가장자리가 백색이다.
7월에서 9월에 꽃이 피고 꽃은 짙은 벽자색
(碧紫色)이고 길이 2.5 내지 3센티미터로서
화경(花梗)이 없고 꽃받침통은 길이 0.6 내지
0.8센티미터 정도이며 열편(裂片)은 난형이
고 끝이 둔하며 통부(筒部) 길이의 3분의
1 안팎이고 화관통부(花冠筒部)는 좁으며
열편은 통부 길이의 3분의 1 안팎이다.

열편 사이에 있는 부편(副片)은 가장자리에
톱니가 있으며 삼각형으로서 안쪽을 향하여
후부(喉部)를 덮고 있으며 대암산(大岩山)
에 피는 것은 사람이 접근하여 건드리면
곧 꽃이 오므라든다.

11월에 삭과(蒴果)되고 삭과는 과병(果柄)
이 있어서 밖으로 나오고 종자(種子)는 방추
형(紡錘形)이다.

관상용, 약용 등으로 쓰이며 화분의 관상초
및 뿌리를 민간에서 건위, 간질 등에 약으로
쓴다.

화강암계, 화강편마암계 등의 토양에 잘 자라
고 실생법, 종내 잡종법, 분주법 등에 의하여
번식된다.

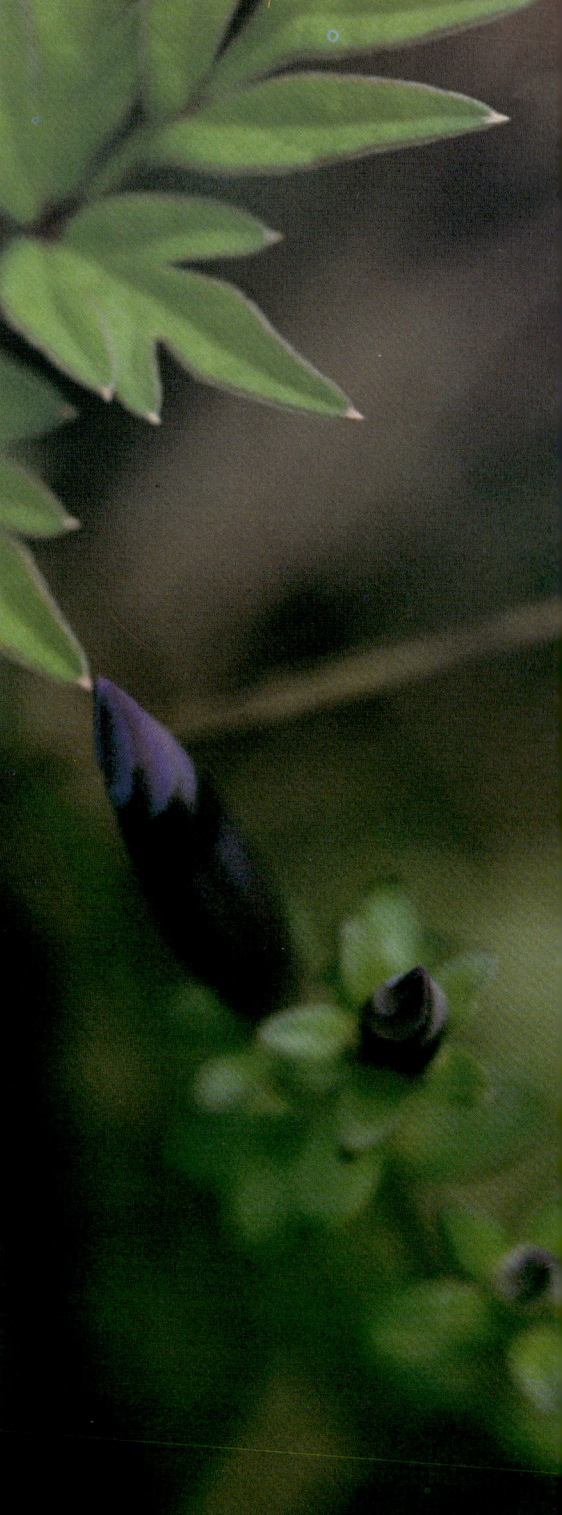

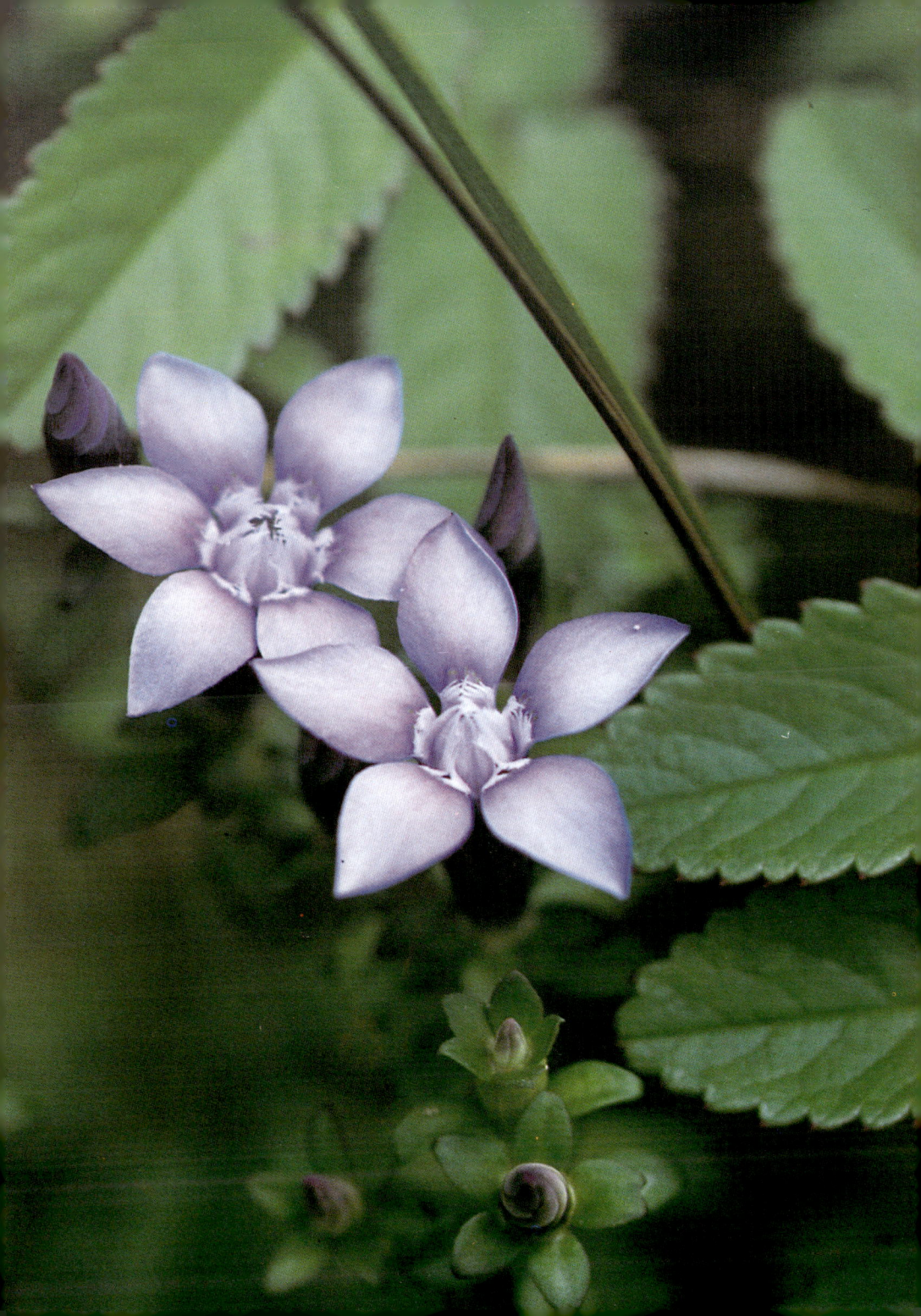

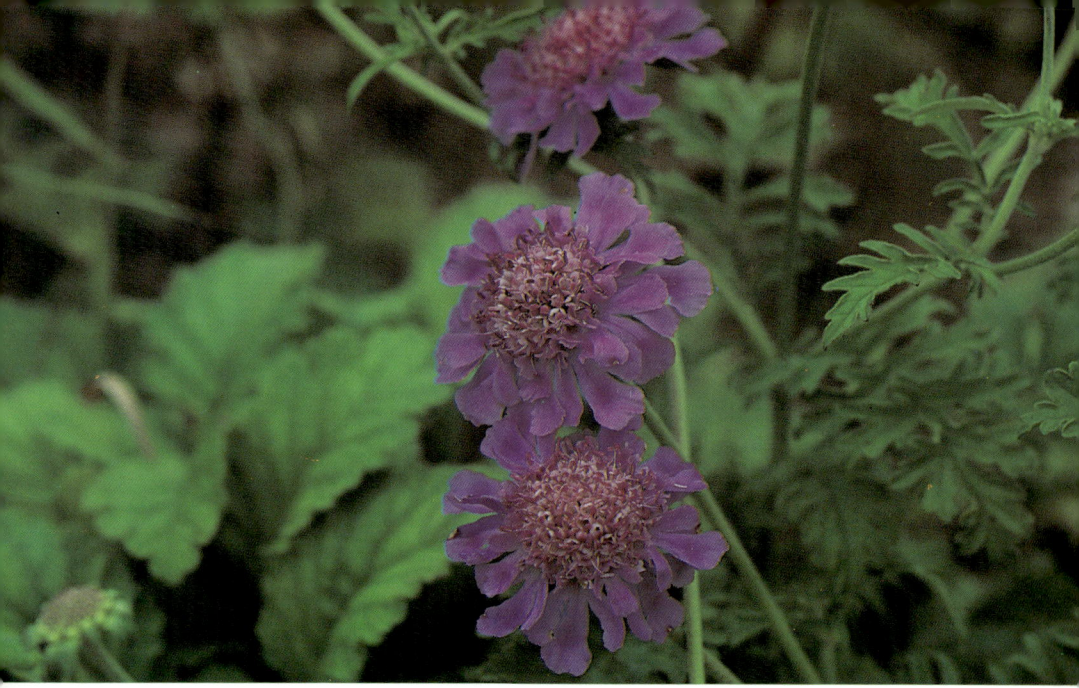

솔체꽃 (학명) Scabiosa mansenensis NAKAI.
　솔체라고 불리기도 하는 심산 지역의 초원지 및 습지에 자라는 산토끼꽃과의 2년생 초본이다.
　우리나라 중부 및 북부 지방의 고산 지대에 자라며 강원 북부 지방 휴전선 고지대, 대암산의 정상 부근 고원지에 많이 자라며 군집하여 자란다.
　높이 50 내지 90센티미터 정도 자라며 퍼진 털과 꼬부라진 털이 있으며 근생엽(根生葉)은 꽃이 필 때 없어지며 경생엽(莖生葉)은 마주나고 긴 타원형 또는 난상 타원형이며 끝이 둔하거나 뾰족하고 가장자리에 결각상(缺刻狀)의 큰 톱니가 있다. 위로 올라가면서 우상(羽狀)으로 갈라지고 중앙부의 큰 잎은 길이 9센티미터, 너비 3센티미터 정도이며 포엽(苞葉)은 선형이고 밋밋하다.
　엽병(葉柄)은 날개가 있으며 밑부분이 조금 넓어져서 원줄기를 감싸고 엽면(葉面)과 더불어 백색 털이 약간 밀생한다. 7월에서 9월에 꽃이 피고 꽃은 자벽색(紫碧色)으로서 두상 화서(頭狀花序)에 달리고 외총포편(外總苞片)은 선상 피침형이며 양면에 털이 있고 끝이 뾰족하며 꽃이 필 때는 길이 0.5센티미터 정도이다.
　가장자리의 꽃은 길이 1.3센티미터 정도이고 겉에 털이 밀생하며 5개로 갈라지고 바깥쪽의 열편(裂片)이 가장 크며 중앙부의 꽃은 통상화(筒狀花)로서 4개로 갈라진다. 10월에 수과(瘦果)되고 수과는 장타원형이며 숙존악(宿存萼)은 술잔 같으며 위쪽 끝에 5갈래로 된 털이 달린다.
　식용, 관상용으로 쓰이며 어린순과 부드러운 잎을 나물로 먹으며 화단의 관상초로 심는다.
　화강암계, 화강편마암계, 변성퇴적암계, 섬록암계 등의 토양에 잘 자라며 분주법, 생태 육종법, 종내 잡종법, 실생법 등에 의하여 번식된다.

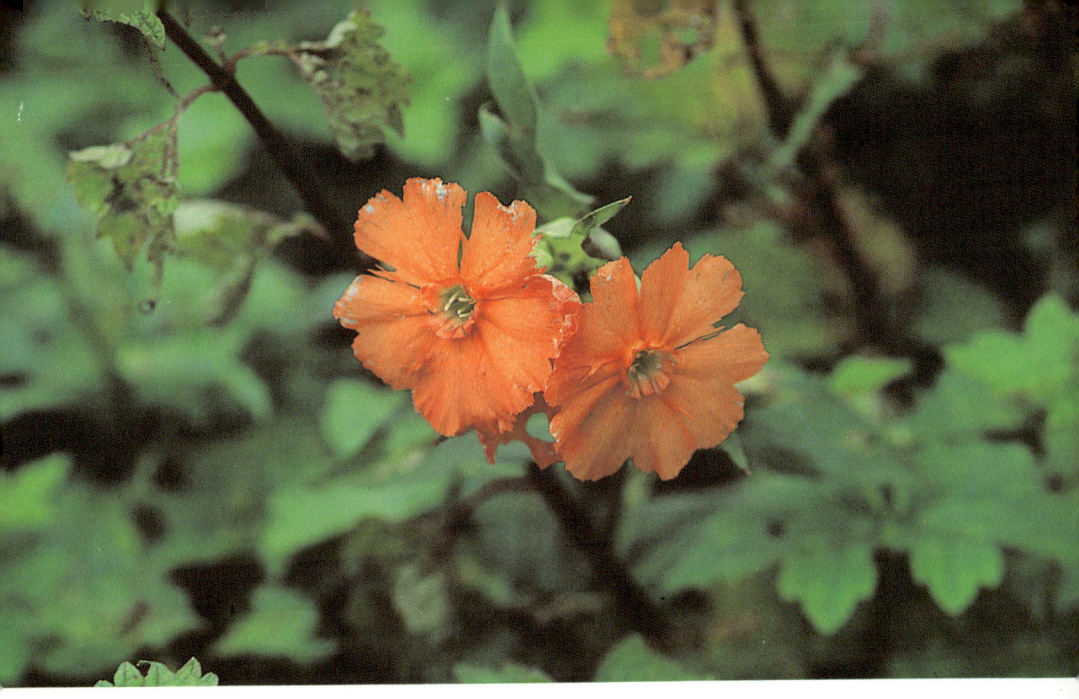

동자꽃 (학명) Lychnis cognata MAX.

심산 지역의 숲속이나 초원에 자라는 석죽과의 다년생 초본이다.

우리나라 중부, 북부 지방의 고산 지대 깊은 골짜기의 초원 또는 표고(標高) 1,500
미터 안팎의 산 정상 초원, 강원 지방 오대산, 대관령, 구룡령, 설악산, 경기도 가평
및 휴전선 고지대의 대암산, 대우산, 금강산, 건봉산, 백두산, 낭림산 등지의 높은
지대 풀밭에 자란다.

높이 40 내지 90센티미터 정도 자라고 줄기에 거친 긴 털이 나 있으며 잎은 대생
(對生)한다. 엽병(葉柄)이 없고 긴 타원형 또는 난상 타원형이며 양끝이 좁고 가장자
리가 밋밋하며 길이 5 내지 8센티미터, 너비 2.5 내지 4.5센티미터 정도로서 양면과
가장자리에 털이 있고 황록색(黃綠色)이다. 7, 8월에 꽃이 피고 꽃은 진한 적색(赤
色)이며 지름 4센티미터 정도로서 원줄기 끝과 엽액(葉腋)에서 소화경(小花梗)이
1개씩 자라 그 끝에 꽃이 1개씩 달린다.

소화경은 짧으며 털이 많고 꽃받침은 긴 통(筒) 같으며 끝이 5개로 갈라지고 겉에
털이 있으며 꽃잎은 5개이고 도심장형(倒心臟形)이며 밑부분이 길게 뾰족해지고 윗부
분이 수평으로 퍼지면서 2개로 갈라진다.

각 열편(裂片)의 가장자리에 톱니가 있으며 목부분에 소열편(小裂片)이 2개씩 있고
양쪽 가장자리 밑에도 소열편이 1개씩 있으며 수술은 10개, 암술대는 5개이다.

9월에 삭과(蒴果)되고 삭과는 꽃받침통 안에 들어 있다. 관상용으로 쓰이는데 특히
화단의 관상용으로 개발되면 좋은 풀이다.

화강암계, 화강편마암계, 변성퇴적암계 등의 토양에 잘 자라며 종자 재배법, 종내
육종법, 분주법 등에 의하여 번식된다.

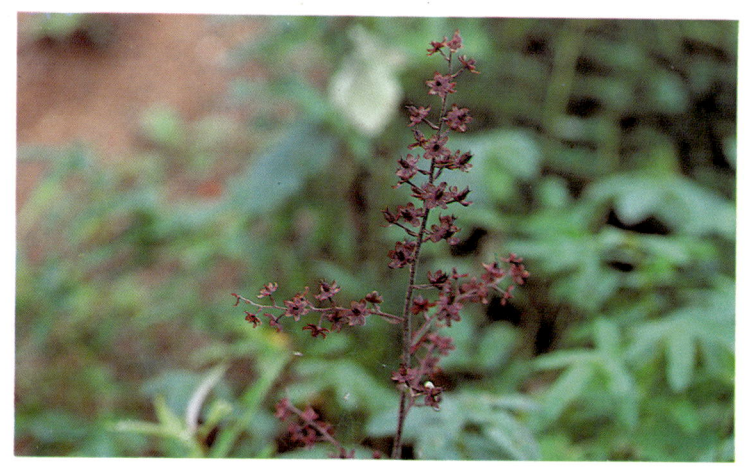

여로 (학명) Veratrum maackii var. japonicum T. SHIMIZU.

심산 지역 고원지에 자라는 백합과의 다년생 초본이며 유독성 식물이다.

우리나라 제주도 한라산의 높은 지대 및 남부, 중부, 북부 지방 등 고산 지대 초원에 자라고 휴전선 고지대 표고(標高) 1,300미터 안팎의 산 정산 부근 대암산에 자란다. 높이 50 내지 100센티미터 정도 자라며 근경(根莖)은 짧으며 비스듬히 땅속으로 들어가고 원줄기의 밑부분과 더불어 엽초(葉鞘)가 썩으면서 남은 섬유(纖維)로 싸여 있다.

원줄기는 화서(花序)와 더불어 돌기(突起) 같은 털이 있으며 잎은 중앙 이하에서 어긋나고 엽초가 원줄기를 완전히 둘러싼다.

밑부분의 잎은 좁은 피침형이며 길이 20 내지 35센티미터, 너비 3 내지 5센티미터 정도로서 끝이 뾰족하고 밑부분이 점차 좁아지며 위로 올라갈수록 선형(線形)으로 된다.

7, 8월에 꽃이 피고 꽃은 흑자색이며 약간 드문드문 달리고 밑부분에 수꽃, 윗부분에 양성화(兩性花)가 달리고 지름 1센티미터 정도로서 반쯤 퍼진다. 화서는 길이 15 내지 50센티미터 정도이고 몇 개의 가지가 비스듬히 갈라진다. 소화경(小花莖)은 길이 0.8 내지 1.2센티미터이고 6개의 화피 열편(花被裂片)은 긴 타원형이며 둔두(鈍頭)이고 포(苞)는 가지보다 짧으며 길이 0.4센티미터 미만으로서 넓은 침형(針形)이다.

6개의 수술은 중앙에 있고 꽃잎 길이의 반(半) 정도이며 꽃밥은 황색(黃色)이고 자방(子房)은 난형이고 3개로 얕게 갈라지며 암술머리는 3개로서 젖혀진다.

10월에 삭과(蒴果)되고 삭과는 길이 1.2 내지 1.5센티미터로서 3개의 줄이 있고 끝에 암술대가 수평으로 달린다.

관상용, 약용으로 쓰이며 화초로도 심고 한방 및 민간에서 근경(根莖)을 강심, 고혈압, 황달 등의 약으로 쓰며 풀 전체에 강한 독성이 있어 함부로 사용해서는 안 된다. 현무암계, 화강암계, 화강편마암계, 경상계 등의 토양에 잘 자라며 계통 분리법, 분주법, 실생법, 종간 잡종법, 생태 육종법 등에 의하여 번식된다.

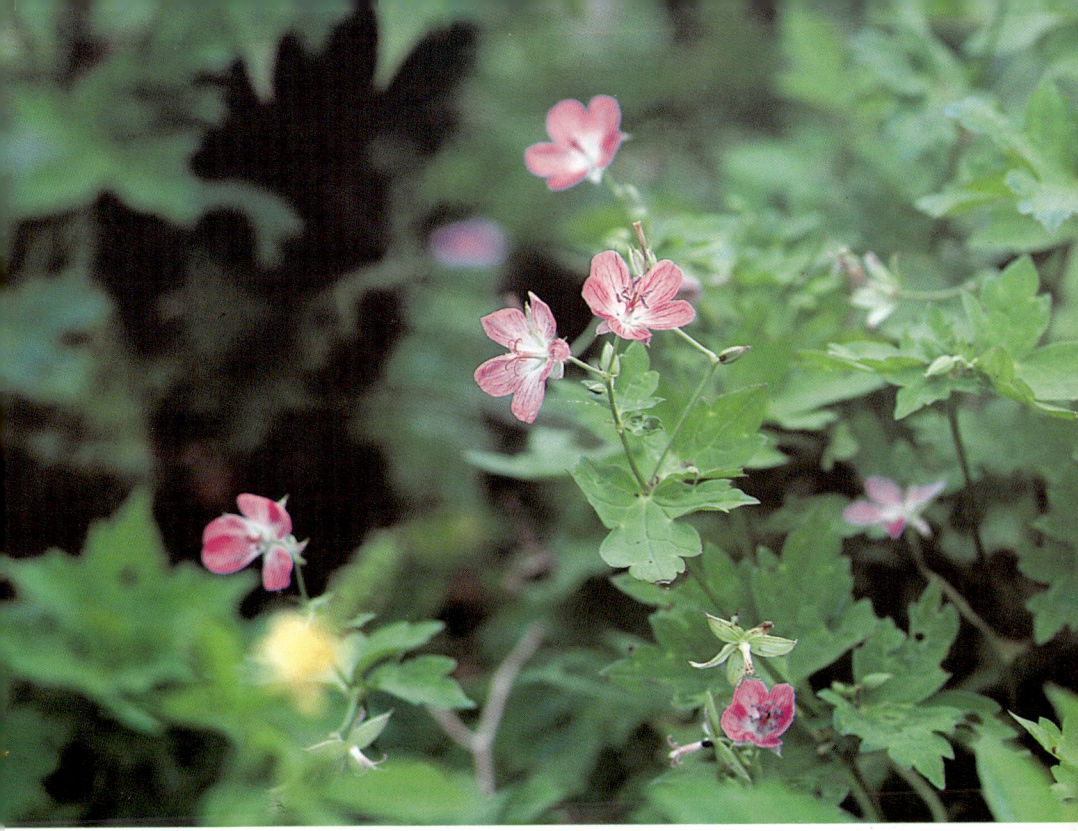

둥근이질풀　(학명) Geranium Koreanum　Komarov.

고산 지대의 초원지 등에서 자라는 쥐손풀과의 다년생 초본이다.

우리나라 남부, 중부, 북부 지방의 높은 산 정상 부근 표고 1,500미터 안팎의 높은 지대에 많이 자라고 휴전선 지역의 고지대에 많이 분포한다.

높이 80 내지 100센티미터 정도까지 자라며 여러 대가 한 포기에서 나오며 가지가 없는 것도 있고 원줄기는 4각형이며 털이 없다. 잎은 마주나고 4열성(四裂性)으로서 3 내지 5개로 갈라지며 열편(裂片)은 피침형 또는 도피침형(倒披針形)이고 커다란 톱니가 있다.

6월에서 8월에 꽃이 피고 꽃은 담홍색(淡紅色)이고 원줄기 끝에 3 내지 5개의 꽃이 산형(傘形)으로 달리며 한 군데에 3개 또는 1개씩 달리는 것도 있다.

꽃잎은 털이 없고 긴 타원형이며 수술보다 길고 암술대가 밑부분에서 2개로 갈라지며 암술머리는 점상(點狀)이고 수술은 10개로서 밑부분에 털이 있다.

9월에 삭과(蒴果)되며 삭과에도 털이 있다.

약용으로 쓰이며 한방에서 전초(全草)를 현초(玄草)와 같이 위장병, 통경, 방광염 등에 약으로 쓴다.

화강암계, 화강편마암계, 변성퇴적암계 등의 토양에 잘 자라며 분주법, 삽목법, 생태 육종법, 종자 재배법, 종간 잡종법 등에 의하여 번식된다.

구름패랭이 (학명) Dianthus superbus L. var. speciosus Reich.

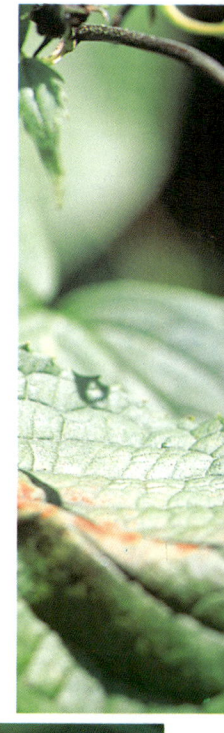

고산 지대의 초원지 및 바위틈에서 자라는 석죽과의 다년생 초본이다.

우리나라 중부 지방 및 북부 지방의 고산지 정상 부근에 자라며 강원 북부의 휴전선 고지대 및 함경남도 부전고원(赴戰高原), 백두산 등지의 표고(標高) 1,300미터에서 1,700미터 정도의 산 정상 및 산록에 자란다.

높이 30센티미터 정도 자라고 줄기는 약간 총생(叢生)하고 곧게 자라며 잎은 마주나고 선형 또는 선상 피침형이며 예두(鋭頭)이다.

7, 8월에 꽃이 피고 꽃은 담홍색이며 칼집같이 뾰족한 지단(枝端) 가지 끝에 정생(頂生)한다.

꽃받침은 긴 원통형(圓筒形)이고 길이 3센티미터 안팎이며 먼저 끝이 5개로 갈라지고 열편(裂片)은 피침형이다. 꽃받침 밑의 소포(小苞)는 4조각으로 좁고 길며 꽃받침통(筒)보다 반(半)길이이며 밖으로 나오고 화관(花冠)은 5조각이며 긴 화과(花瓜)가 있고 현부(舷部)는 끝이 녹색이고 깊게 실모형으로 갈라진다.

기부(基部)에 긴 털이 밀생(密生)하고 수술은 10개이며 화주(花柱)는 2개이다.

9월에 삭과(蒴果)되고 삭과는 원주형이며 꽃받침 속에 들어 있고 끝이 4개로 갈라진다. 술패랭이에 비하면 높이는 작고 꽃은 큰 편이며 열편(裂片)은 길다.

관상용, 약용으로 쓰이며 화단의 관상초 및 한방 및 민간에서 석죽(石竹)과 같이 인후염, 이뇨, 안질 등의 약으로 쓴다.

화강편마암계, 대동계, 반암계 등의 토양에 잘 자라며 종내 잡종법, 종자 재배법, 분주법 등에 의하여 번식된다. (아래)

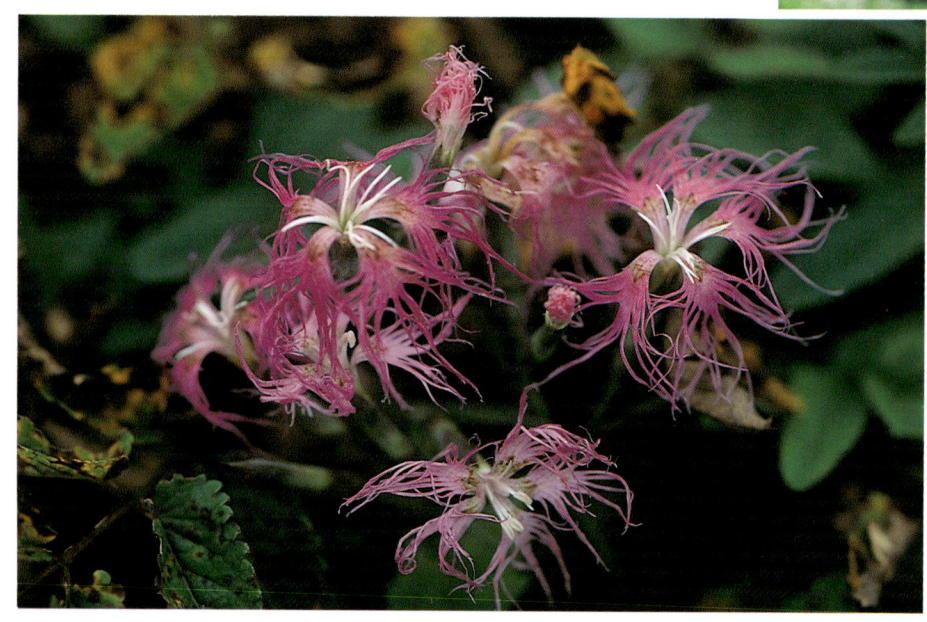

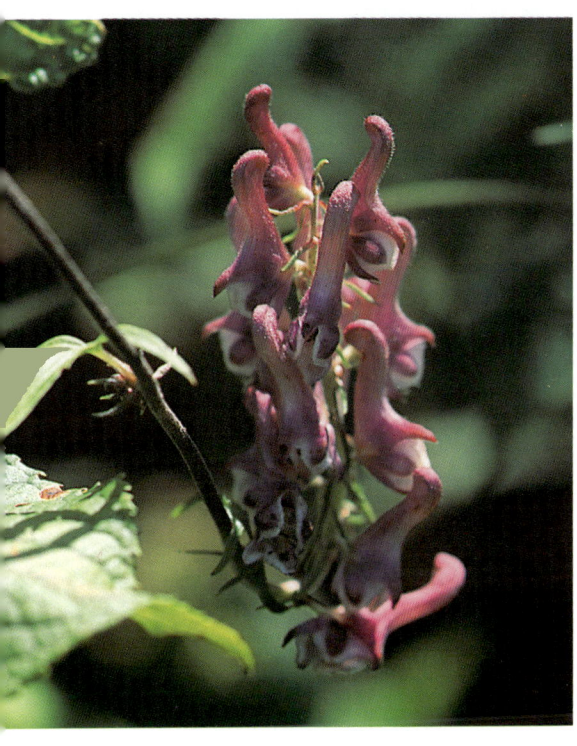

진범 (학명) Aconitum pseudo-laeve var. erectum NAKAI.

심산 지역의 숲속 및 수림지 가장자리 등에서 자라는 미나리아재비과의 다년생 초본이며 유독성 식물이다.

전국의 깊은 산골짜기 숲속 및 표고(標高) 1,500미터 안팎의 고산 지대의 정상 부근 숲속 초원 등지에도 자라는 풀이다.

대개는 강원 산간 지방 및 강원 북부의 휴전선 고지대에 많이 자란다.

높이 30 내지 80센티미터 정도 자라고 그늘에 잘 자라며 뿌리는 직근(直根)이 있어 깊이 들어가지만 그다지 굵지는 않고 흑갈색이다.

원줄기는 곧게 또는 비스듬히 자라고 대개는 자줏빛이 돌며 밑부분에 능각(稜角)이 지기도 하지만 윗부분은 짧은 털이 밀생한다.

근생엽(根生葉)은 엽병(葉柄)이 길고 원심형(圓心形)이며 5 내지 7개로 갈라지고 각 열편(裂片)에 끝이 뾰족한 결각(缺刻) 또는 톱니가 있으며 근생엽(根生葉)은 위로 올라갈수록 작아지고 간단하게 된다.

8월에 꽃이 피고 꽃은 연한 자주색이고 높이 2 내지 2.5센티미터 정도, 총상 화서(總狀花序)는 길이 5 내지 15센티미터 정도로 원줄기 끝이나 윗부분의 엽액(葉腋)에서 형성된다. 소화경(小花梗)은 길이 1센티미터 정도이며 윗부분의 꽃받침 겉면과 더불어 입모(立毛)가 있다.

5개의 꽃받침잎은 꽃잎 같고 뒤쪽 꽃받침잎이 좁고 뾰족하게 나오며 양쪽 2개의 꽃받침잎은 넓은 난형이고 밑부분에 달려 있는 2개의 꽃받침잎은 긴 타원형이며 끝이 약간 밑으로 처진다.

2개의 꽃잎은 길어져서 끝부분이 밀선(蜜線)처럼 되고 뒤쪽의 원통형 꽃받침 속에 들어 있으며 수술은 여러 개이고 수술대는 밑부분이 넓다.

10월에 골돌과(蓇葖果)되고 골돌은 3개로서 끝이 뒤로 젖혀진 암술대가 남아 있다. 관상용, 약용으로 쓰이며 화단의 관상초 및 한방에서 뿌리를 진범(秦艽)이라 하여 중풍실음, 이뇨, 진통 등의 약으로 쓴다. 독성(毒性)이 강하므로 유의해야 한다.

화강암계, 현무암계, 화강편마암계, 편상화강암계, 경상계, 반암계, 변성퇴적암계 등의 토양에 잘 자라며 생태 육종법, 종자 번식법, 종내 잡종법, 분주법 등에 의하여 번식된다.

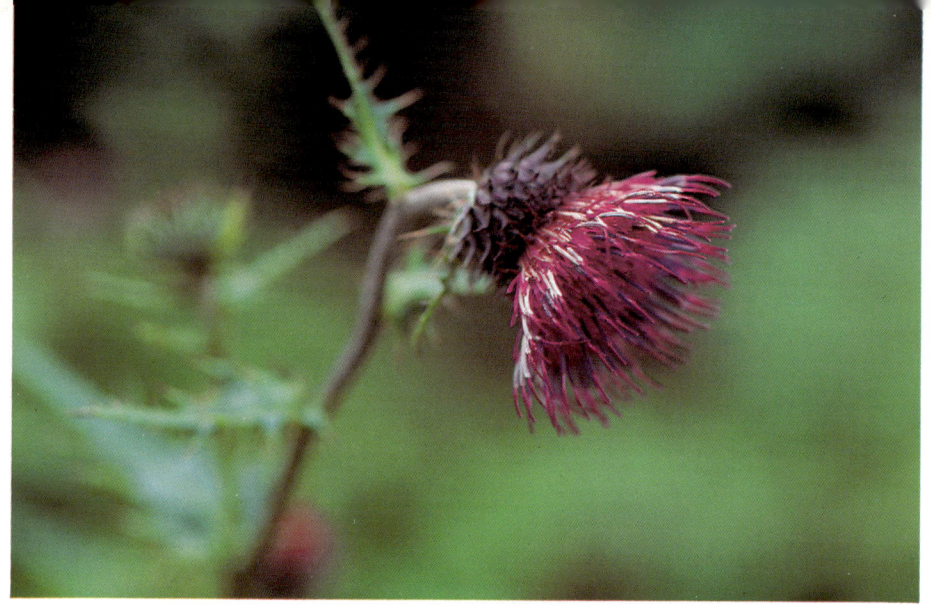

도깨비엉겅퀴　(학명) Cirsium schantarense　TRAUTV. et MEYER.

심산 지역의 초원지에 자라는 국화과의 다년생 초본이다.

우리나라 중부, 북부 지방 깊은 골짜기에서부터 표고(標高) 1,300 내지 1,700미터 정도의 산 정상 부근 초원이나 산록 숲속 등지에 자라며 강원 북부 지방 휴전선 고지대 및 백두산에 자란다.

높이 60 내지 90센티미터 정도 자라고 원줄기에 홈이 파진 줄이 있으며 윗부분에는 거미줄 같은 털이 있고 근생엽(根生葉)은 꽃이 필 때까지 남아 있거나 없어지며 밑부분의 잎보다 작다. 근생엽(根生葉)은 어긋나고 밑부분의 것은 타원형 또는 피침상 타원형이며 길이 20 내지 40센티미터 정도로서 밑으로 흘러 엽병(葉柄)의 날개로 된다.

원줄기를 약간 감싸고 우상(羽狀)으로 깊게 갈라지며 가시가 있고 중앙부의 잎은 긴 타원형으로서 밑부분이 귀처럼 되어 원줄기를 둘러쌌다. 또한 가장자리가 우상으로 깊게 갈라지며 열편(裂片)은 흔히 뒤로 젖혀지고 윗부분의 잎은 점차 작아져서 난상 피침형으로 된다.

7월에서 9월에 꽃이 피고 꽃은 홍자색이며 지름 4 내지 5센티미터로서 가지 끝과 원줄기 끝에서 밑을 향하여 피며 총포(總苞)는 둥글다. 길이 1.5 내지 2센티미터, 너비 3, 4센티미터 정도이며 포편(苞片)은 6줄로 배열되며 끝이 뾰족하고 뒷면에 점질(粘質)이 있거나 없으며 화관(花冠)은 자주색이며 길이 1.8 내지 2.2센티미터 정도이다.

10월에 수과(瘦果)되고 수과는 긴 타원형이며 길이 0.4센티미터 정도이고 털이 없으며 관모(冠毛)는 길이 1.6 내지 1.8센티미터로서 갈색이 돈다.

식용, 약용으로 쓰이며 어린순과 부드러운 잎을 나물로 먹으며 한방 및 민간에서 엉겅퀴와 같이 지혈, 출혈 등의 약으로 쓴다.

화강암계, 화강편마암계, 변성퇴적암계, 섬록암계 등의 토양에 잘 자란다.

생태 육종법, 실생법, 종간 잡종법, 분주법, 근재생법 등에 의하여 번식된다.

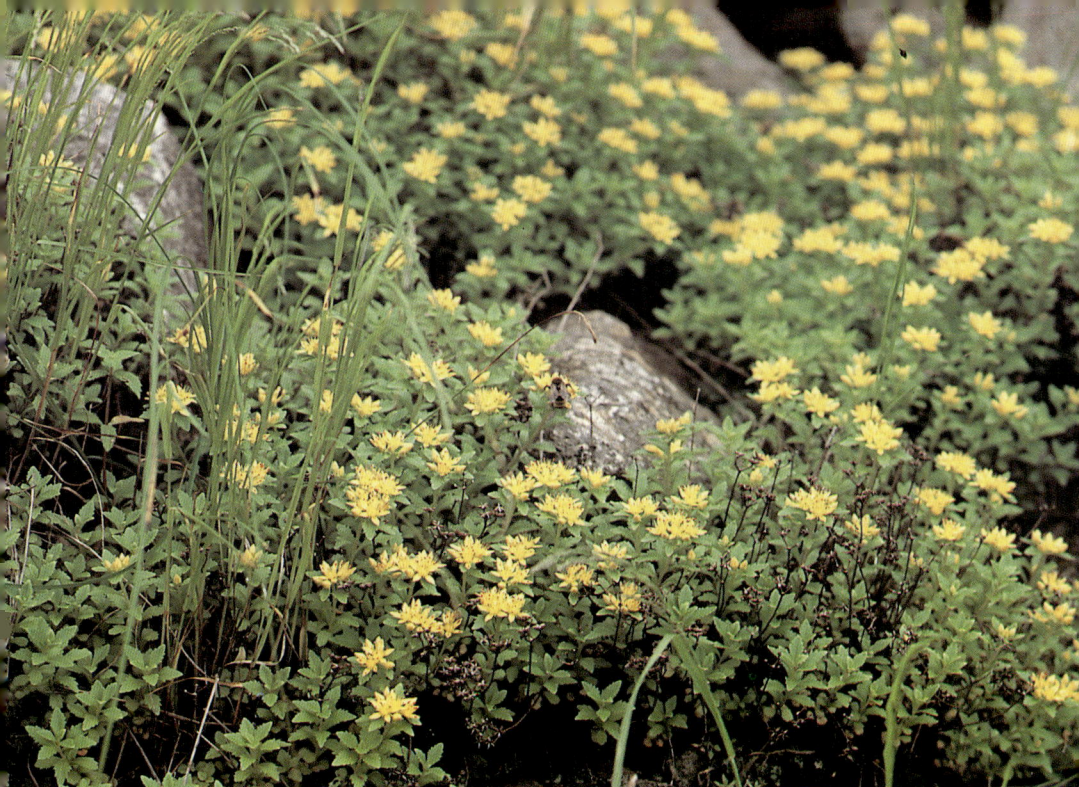

애기기린초　(학명) Sedum middendorffanum　MAX.

　　고산 지대의 바위 위에서 자라는 돌나물과의 다년생 초본이다. 우리나라 중부 및
북부 지방의 고산지, 경상북도 울릉도 및 강원 북부 지방 양구군 대암산의 산 정상
부근 바위에 자라며 평안남북도 및 함경남북도 등의 고원지에 자라는 풀이다.
　　높이 20센티미터 정도 자라고 겨울 동안에 땅 위의 10센티미터 안팎의 윗부분이
말라 죽으며 그 밑에서 다시 새싹이 돋아나와 새둥지 모형으로 된다.
　　잎은 어긋나고 엽병(葉柄)이 없으며 좁은 피침형이고 예두(銳頭) 또는 둔두(鈍頭)이며
예저(銳底)이다. 길이 1.5 내지 2센티미터 정도로서 한쪽에 2, 3개의 톱니가 있으며
밑부분이 점점 좁아져서 직접 원줄기에 달린다.
　　6월에서 8월에 꽃이 피고 꽃은 밝은 황색이며 양성(兩性)으로서 원줄기 끝의 취산
화서(聚繖花序)에 달리고 꽃받침잎과 꽃잎은 각각 5개이며 수술은 10개로서 꽃잎보
다 짧고 자방(子房)은 5개의 심피(心皮)로 되며 떨어져 있다.
　　10월에 골돌(蓇葖)되고 골돌은 5개이고 밑에서 옆으로 퍼진다.
　　관상용, 약용으로 쓰이며 화단의 관상초 및 뿌리와 잎을 민간에서 강장 등의 약으로
쓴다.
　　현무암계, 화강암계, 화강편마암계, 변성퇴적암계 등의 토양에 잘 자라며 종간 잡종
법, 종자 재배법, 생태 육종법, 분주법, 삽목법 등에 의하여 번식된다.

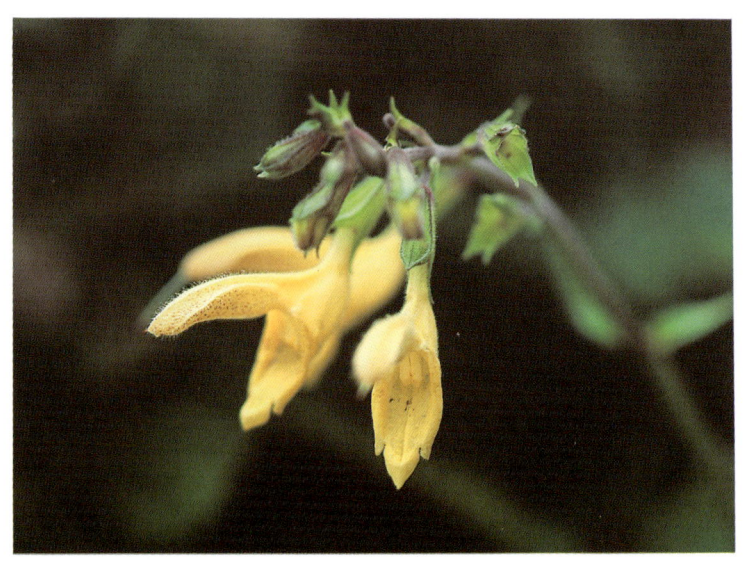

참배암차즈기 (학명) Salvia chanroenica NAKAI.

산뱀배추라고 불리기도 하는 한국 특산 식물이며 심산 지역의 숲 가장자리 및 전석지(轉石地) 등에 자라는 꿀풀과의 다년생 초본이다.

우리나라 중부 지방, 강원 산간 지방에 많이 자라고 표고(標高) 1,000미터의 산 정상 근처까지 자라며 깊은 골짜기에도 자란다. 휴전선의 고지대 대암산에 자라며 가야산 조령에도 자란다는 기록이 있다.

높이 40 내지 50센티미터 정도 자라며 전체에 연한 털이 약간 있으며 근생엽(根生葉)은 엽병(葉柄)의 길이가 17 내지 19센티미터이며 엽신(葉身)은 난상 긴 타원형 또는 타원형이고 끝이 둔하거나 뾰족하게 되며 밑부분이 아심장저(亞心臟底)이고 가장자리에 끝이 짧고 뾰족한 둥근 톱니가 있으며 길이 2.5 내지 13센티미터, 너비 3 내지 11센티미터 정도로서 엽병과 더불어 털이 있다.

경생엽(莖生葉)은 근생엽과 비슷하지만 엽병이 짧고 작으며 대생엽(對生葉)의 마디 사이가 짧아져서 밑부분에 모여 달리는 경향이 있다.

7, 8월에 꽃이 피고 꽃은 연한 황색이며 양순형(兩脣形)이다. 길이 3센티미터 정도로서 각 마디에 4 내지 6개씩 달리며 마디 사이가 길고 포(苞)는 선형(線形)이며 작고 소화경(小花梗)은 길이 0.6센티미터 이하로서 복모(伏毛)가 밀생한다.

꽃받침잎은 양순형이며 겉에 선상(線狀)의 털과 더불어 털이 약간 있고 화관(花冠) 겉에도 선상의 털이 조금 있다. 통부(筒部)가 꽃받침보다 2배 정도 길고 열편(裂片) 끝이 둥글며 암술대는 길게 밖으로 나오고 끝이 2개로 갈라진다.

9월에 삭과(蒴果)되고 종자(種子)는 편평한 넓은 도란형으로서 털이 없다.

식용, 관상용, 약용으로 쓰이며 어린순을 나물로 먹으며 화단의 관상초 및 전초(全草)를 민간에서 산전 산후통, 자궁 출혈 등의 약으로 쓰인다.

화강암계, 화강편마암계, 변성퇴적암계 등의 토양에 잘 자라며 실생법, 분주법, 삽목법, 종내 육종법, 생태 육종법 등에 의하여 번식된다.

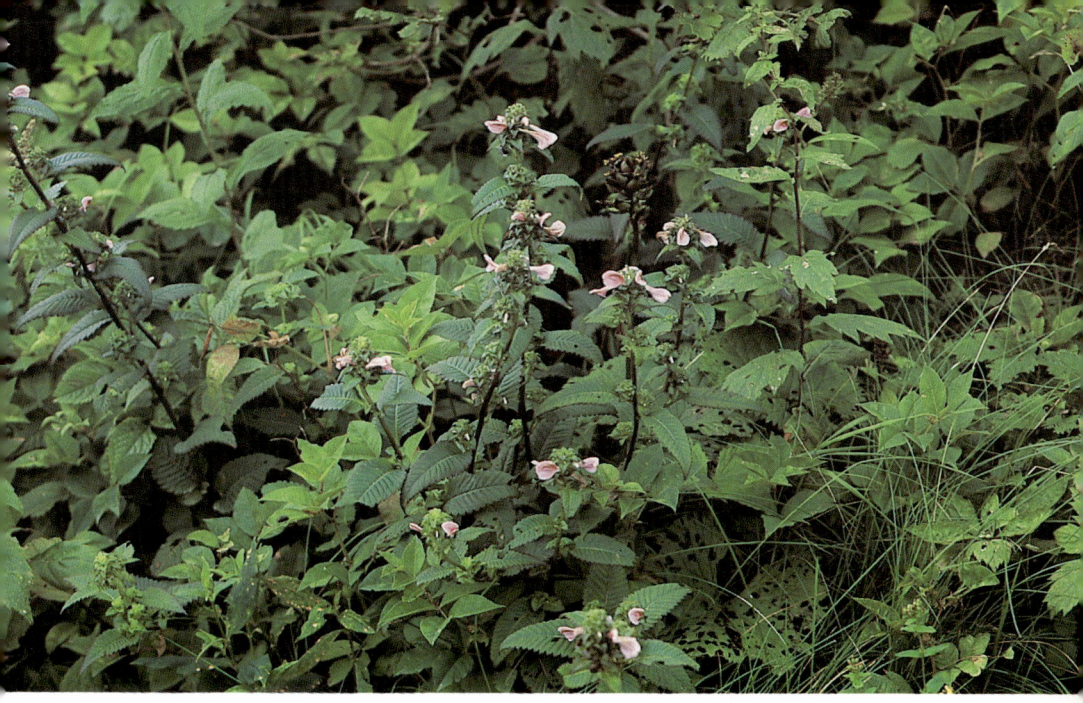

송이풀 　(학명) Pedicularis resupinata　L.

심산 지역의 숲속이나 초원에 자라는 현삼과의 다년생 초본이다.

전국의 깊은 산골짜기 및 높은 지대의 산 표고(標高) 1,500미터 안팎의 산 정상 부근 풀밭에도 자란다.

대개는 강원 산간, 태백산, 대관령, 은두령, 오대산, 구룡령, 설악산, 한계령 등의 고원 지대 및 휴전선의 고지대에 많이 자란다.

높이 30 내지 60센티미터 정도 자라고 밑에서 여러 대가 나와 함께 자라며 때로는 가지가 갈라지기도 한다.

잎은 어긋나기 또는 마주나기도 하며 엽병(葉柄)이 짧으며 좁은 난형이고 끝이 뾰족하다. 또한 밑부분이 갑자기 좁아지고 길이 4 내지 9센티미터, 너비 1, 2센티미터 정도로서 가장자리에 규칙적인 복거치(複鋸齒)가 있다.

8, 9월에 꽃이 피고 꽃은 홍자색(紅紫色)이며 털이 없고 원줄기 끝의 총상 화서(總狀花序)에 달리며 소화경(小花梗)은 길이 0.6센티미터 정도이다.

꽃받침통은 길이 0.6센티미터이고 열편(裂片)은 피침형이며 길이 0.3 내지 0.4센티미터 정도로서 윗부분에 톱니가 있다. 화관(花冠)은 털이 없고 양순형(兩脣形)이며 상순(上脣)이 앞으로 굽고 끝이 약간 퍼지며 수술대에도 털이 없다.

10월에 삭과(蒴果)되고 삭과는 편평한 긴 난형이다.

식용, 관상용, 밀원용, 약용으로 쓰이며 화단의 관상초 및 꿀이 많아 밀원 식물(蜜源植物)로 쓰이며 민간에서 종기, 피부병 등에 약으로 쓰이고 식용은 별로 하지 않는다. 화강암계, 현무암계, 화강편마암계, 편상화강암계, 변성퇴적암계, 경상계, 반암계 등의 토양에 잘 자라며 분주법, 종간 잡종법, 생태 육종법, 계통 분리법 등에 의하여 번식된다.

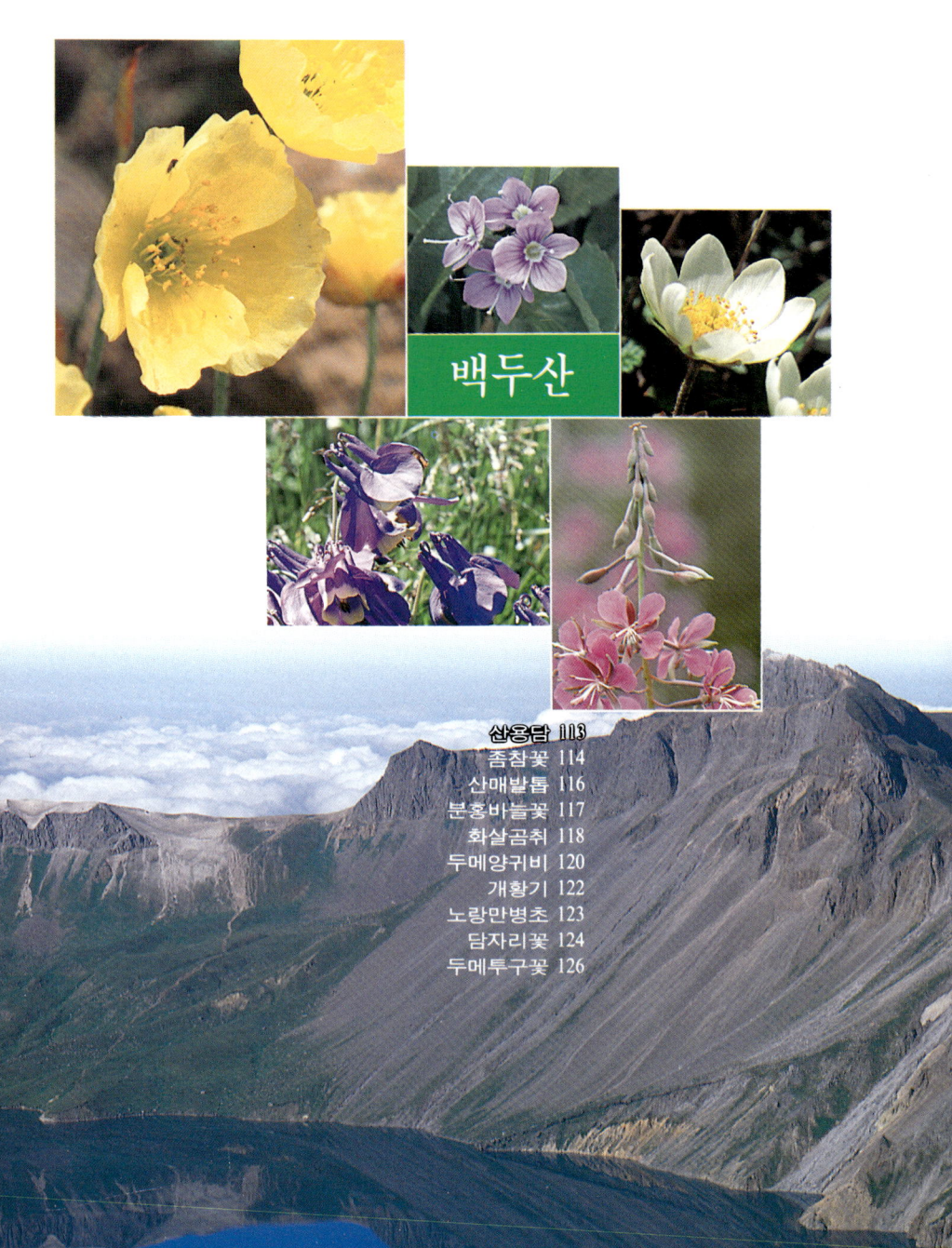

백두산

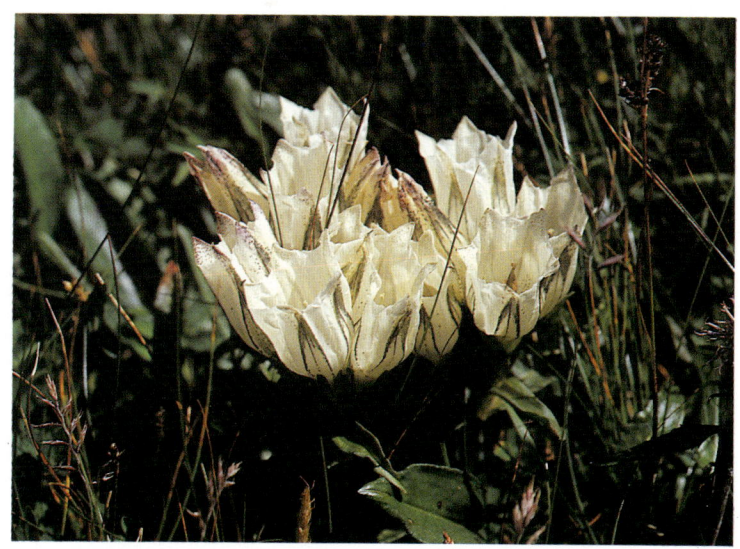

산용담 (학명) Gentiana algida　PALL.

　고원 지대의 산록에 자라는 용담과의 다년생 초본이다. 우리나라 중부 및 북부 지방의 고산 지대 산중복 이상 정상 부근까지 자라며 백두산에서는 표고(標高) 1,900 내지 2,500미터 지점의 암석지(岩石地)에 자란다.

　중부 지방에 자란다는 기록은 있으나 확인되지 않았으며 평안북도 낭림산맥의 노봉(鷺峰), 함경남도 부전고원, 함경북도 백두산 관모봉 등 높은 데 분포한다.

　높이 10 내지 25센티미터 정도 자라며 근경(根莖)과 마디 사이도 짧고 털은 없으며 능선(稜線)이 있고 밑부분에서 새순이 나와 몇 개의 근생엽(根生葉)이 달린다.

　근생엽(根生葉)은 선상 도피침형 또는 넓은 선형(線形)이며 끝이 둔하고 길이 8 내지 15센티미터, 너비 0.5 내지 1센티미터 정도로서 밑부분이 좁아지면서 얼싸안은 듯하며 초상(鞘狀)으로 된다.

　근생엽은 피침형이고 길이 2 내지 5센티미터, 너비 0.5 내지 1센티미터로서 밑부분이 합쳐져서 짧은 초상(鞘狀)으로 된다.

　7월에서 9월에 꽃이 피고 꽃은 연한 황백색이며 길이 3.5 내지 4센티미터 정도로서 통부에 청록색 점이 있고 소화경(小花梗)은 길이 0 내지 2센티미터 정도이다.

　꽃받침은 화관(花冠) 길이의 반 정도이며 열편(裂片)은 삼각상(三角狀) 피침형이고 곧게 서며 통부(筒部)와 길이가 비슷하거나 길고 화관은 5개로 갈라지며 열편 사이에 톱니가 약간 있는 부편(副片)이 있다.

　11월에 삭과(蒴果)되고 삭과의 과병(果柄)은 짧고 거의 밖으로 나오지 못하며 종자(種子)는 그물 같은 무늬와 3, 4개의 좁은 날개가 있다.

　관상용, 약용으로 쓰이며 관상초 및 한방과 민간에서 뿌리를 용담과 같이 건위, 심장염 등의 약으로 쓰인다.

　현무암계의 토양에 잘 자라며 실생법, 종내 육종법, 분주법, 생태 육종법 등에 의하여 번식된다.

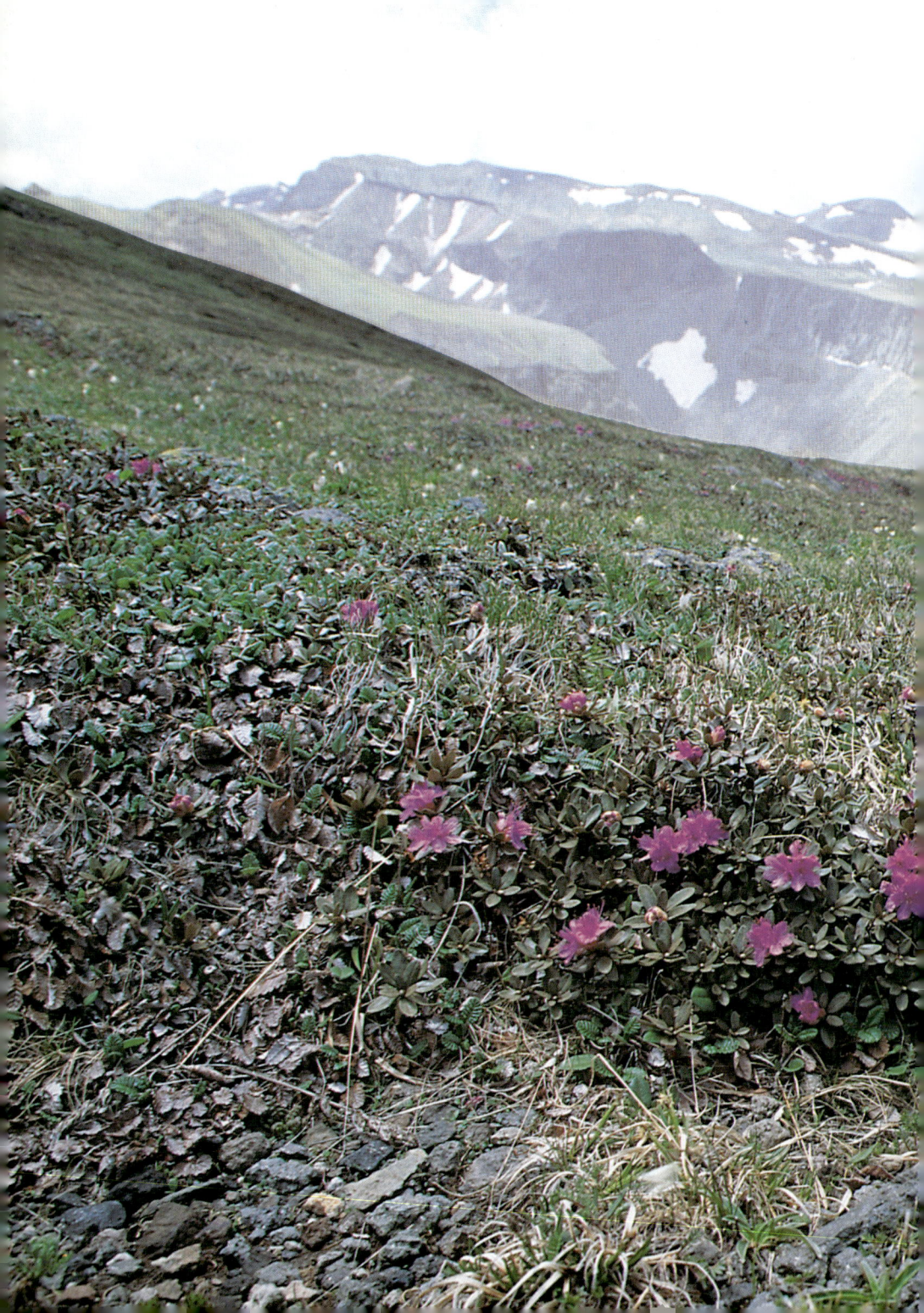

좀참꽃　(학명) Rhododendron redowskianum　MAX.

멧참꽃이라 불리기도 하며 고산 지대에 자라는 진달래과의 상록 소관목(常綠小灌木)
이다.

우리나라 중부 및 북부 지방의 고산지 정상 부근, 고원지 등에 자라며 백두산의 표고
(標高) 2,000미터 이상, 수목한계선(樹木限界線) 이상의 산록(山麓)에 많이 자란다.
높이 10센티미터 정도 자라며 줄기가 옆으로 누워 자라며 원줄기에서 뿌리가 돋아나
고 잎은 총생(叢生)하고 도란형 또는 도피침형이며 첨두(尖頭) 예저(銳底)이고 길이
5 내지 8센티미터 정도로서 가장자리에 선상(線狀)의 털이 밀생(密生)하며 엽병(葉
柄)은 거의 없다.

5월에서 7월에 꽃이 피고 꽃은 홍색 또는 백색이며 지름 2센티미터 정도로 새로 난
가지 끝에 대개 1개씩 달리며 화축(花軸)에 선모(線毛)가 있고 포엽(苞葉)이 달린다.
꽃받침잎은 둔두(鈍頭)로서 선모가 있으며 화관(花冠)은 5개로 갈라진다. 열편(裂片)
은 타원형이며 둔두 또는 미요두(微凹頭)이고 수술은 10개이며 수술대 기부(基部)
와 암술대에는 털이 있고 암술대는 수술보다 짧다.

9월에 삭과(蒴果)되고 삭과는 난형이고 털이 있다.

관상용, 약용으로 쓰이며 정원의 관상수로 심고 민간에서 잎을 강장, 이뇨, 건위 등의
약으로 쓴다.

화강편마암계, 대동계, 섬록암계, 변성퇴적암계, 반암계 등의 토양에 잘 자라며 계통
분리법, 생태 육종법, 종내 육종법, 삽목법, 분주법 등에 의하여 번식된다.

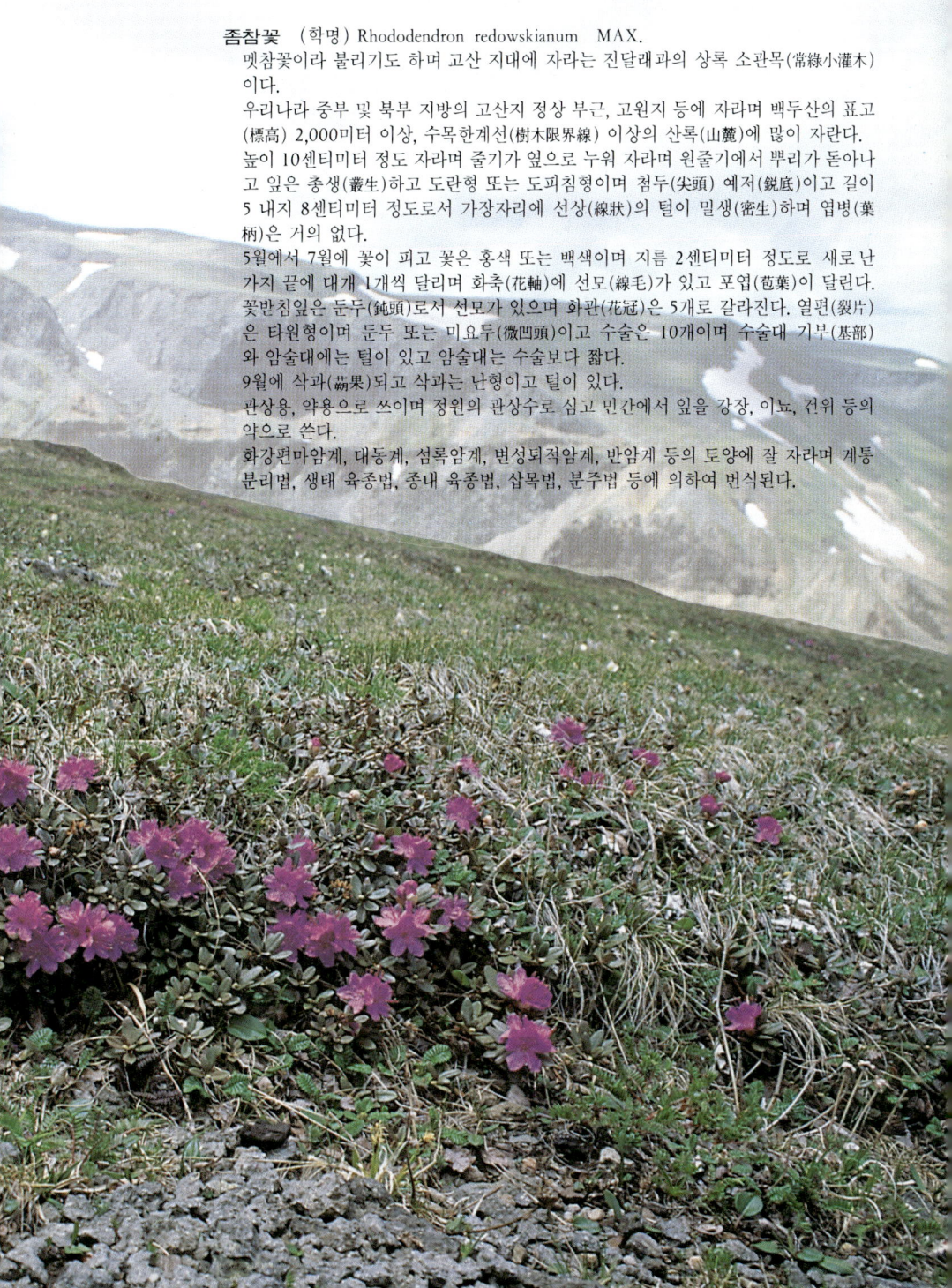

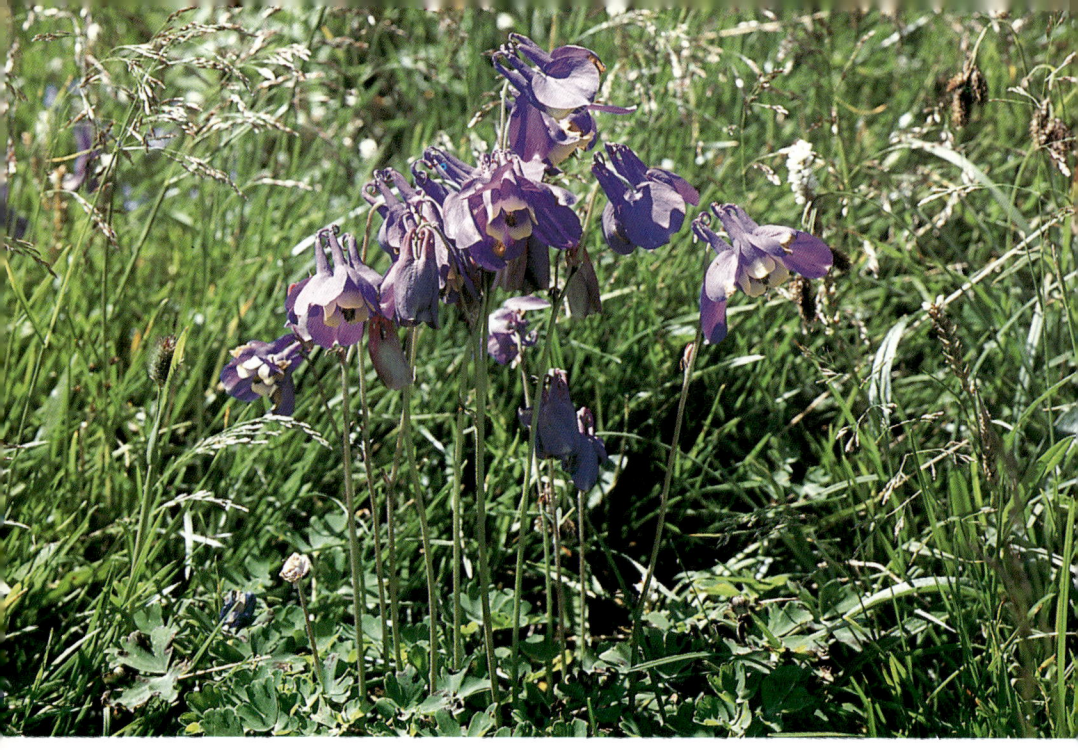

산매발톱　(학명) Aquilegia flabellata var. pumila　KUDO.

　하늘매발톱, 골짝발톱이라고 불리기도 하며 고산 지대의 산록(山麓)에서 자라는 미나리아재비과의 다년생 초본이며 유독성 식물이다.

　우리나라 북부 지방, 평안북도 낭림산 강계(江界), 함경남도 서일봉, 함경북도 백두산 관모봉 등지의 고산 상복(高山上腹)에 자란다.

　높이 30센티미터 정도 자라고 대체적으로 털이 없으며 근생엽(根生葉)은 총생(叢生)하며 엽병(葉柄)이 길고 2회 3출엽(二回三出葉)이다. 소엽(小葉)은 도삼각형(倒三角形)이고 길이 1.2 내지 2.6센티미터로서 2, 3개로 얕게 갈라지고 다시 2, 3개로 갈라진다.

　열편(裂片)은 둥글거나 끝이 파지고 표면은 털이 없으나 뒷면은 기부(基部)에 털이 있으며 경생엽(莖生葉)은 2개이고 윗부분의 것이 작으며 1, 2회 3출엽이다.

　7, 8월에 꽃이 피고 꽃은 하늘색이며 지름 3, 4센티미터 정도로서 1 내지 3개씩 원줄기 끝에 달린다. 꽃받침잎은 넓은 난형이고 길이 2 내지 2.5센티미터이며 꽃잎은 길이 1.2 내지 1.5센티미터로서 하늘색이다. 거(距)는 길이 1 내지 1.7센티미터로서 끝이 가늘어져 안쪽으로 굽으며 둥글다.

　10월에 골돌(蓇葖)되고 골돌은 5개씩 달리고 길이 2, 3센티미터 정도로서 털이 없다.

　관상용으로 쓰이며 화강편마암계, 대동계, 섬록암계, 변성퇴적암계, 반암계 등의 토양에 잘 자란다.

　종자 재배법, 생태 육종법, 무성 번식법, 분주법 등에 의하여 번식된다.

분홍바늘꽃   (학명) Epilobium angustifolium L.

　고산 지대의 초원지 및 숲 가장자리에 자라는 바늘꽃과의 다년생 초본이다.

　우리나라 중부 및 북부 지방의 산골짜기에서부터 높은 지대 표고(標高) 1,900미터 정도의 높은 산까지 자란다.

　강원도 대관령, 오대산 구룡령, 금강산, 평안남도 낭림산, 평안북도 노봉, 함경남도 부전고원, 함경북도 백두산 관모봉 등의 높은 산에 자란다. 높이 1.5 내지 1.7미터 정도 자라고 지하경(地下莖)이 옆으로 길게 뻗으면서 큰 군집을 형성하며 가지가 그다지 갈라지지 않는다. 잎은 어긋나고 피침형이며 길이 8 내지 15센티미터, 너비 1 내지 3센티미터 정도로서 끝이 뾰족하고 밑부분이 좁아져서 직접 원줄기에 달리며 가장자리에 잔톱니가 있으나 잎이 뒤로 약간 말리기 때문에 톱니가 없는 것 같이 보이고 뒷면 맥(脈) 위에 굽은 털이 있으며 뒷면은 분백색(粉白色)이다.

　6월에서 8월에 꽃이 피고 꽃은 홍자색이며 총상 화서(總狀花序)는 원줄기 끝에서 생기고 지름 2, 3센티미터 정도의 꽃이 많이 달리며 포(苞)는 선형(線形)이고 화병(花柄)은 길이 0.8 내지 3센티미터 정도이다.

　꽃받침잎과 꽃잎은 각각 4개이고 수술은 8개이며 암술은 1개이고 자방(子房)은 하위(下位)로서 짧고 굽은 털이 밀생한다. 10월에 삭과(蒴果)가 되고 삭과는 길이 8 내지 10센티미터 정도로서 굽은 털이 있으며 종자(種子)에 관모(冠毛)가 있다.

　관상용, 약용으로 쓰이며 화단의 관상초로 좋고 전초(全草)를 민간에서 요도염, 방광염 등에 약으로 쓰인다.

　화강암계, 화강편마암계, 변성퇴적암계 등의 토양에 잘 자라며 종자 재배법, 삽목법, 분주법, 종간 잡종법 등에 의하여 번식된다.

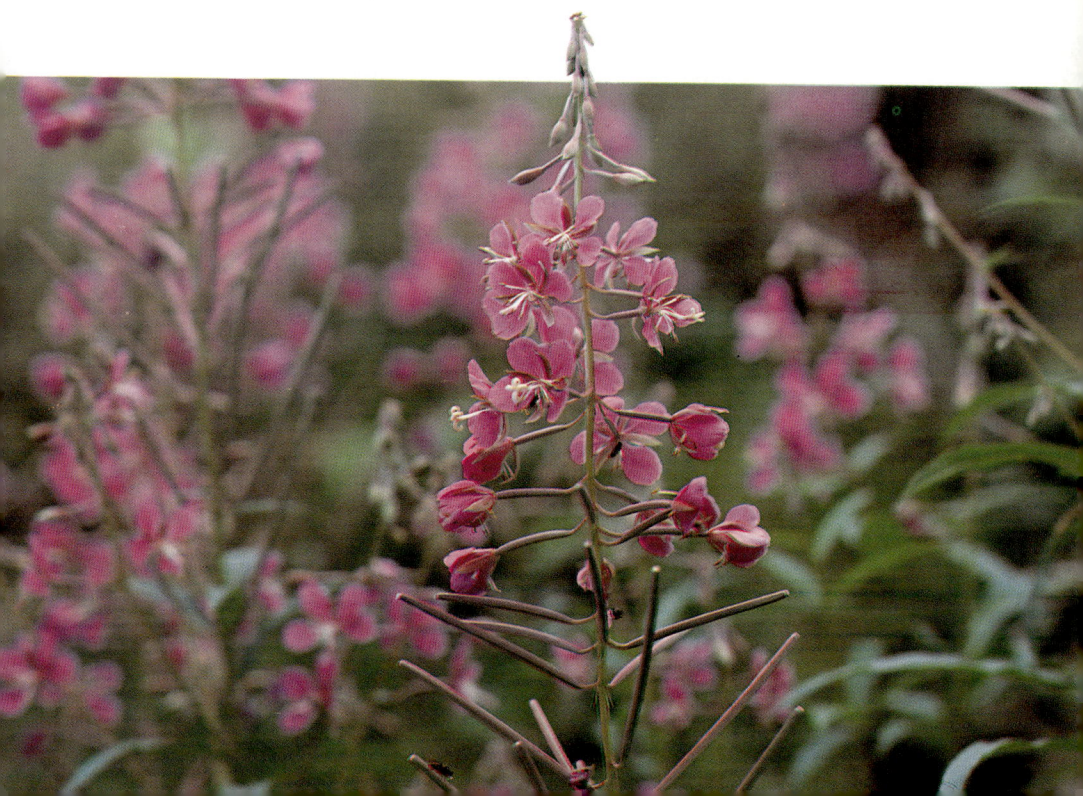

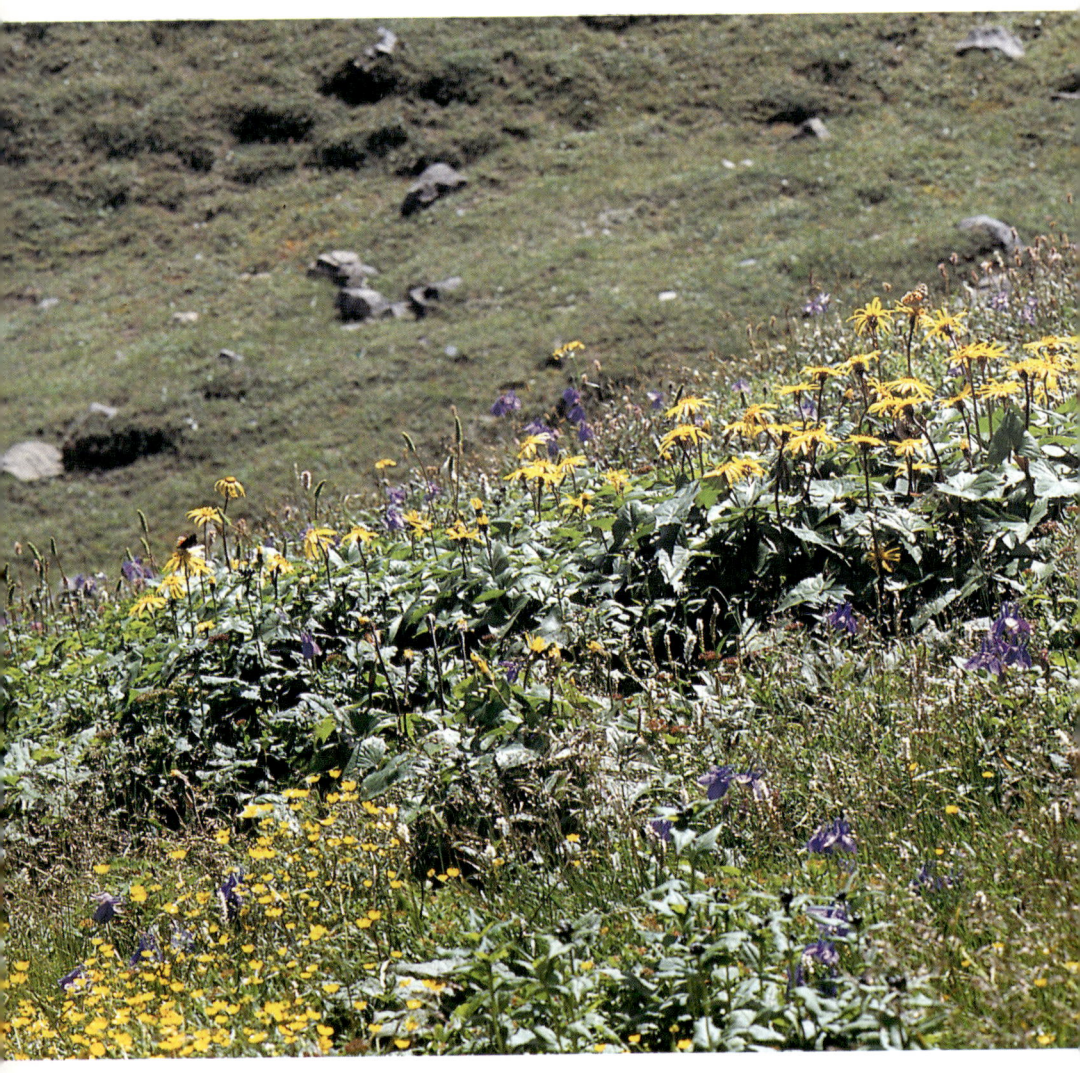

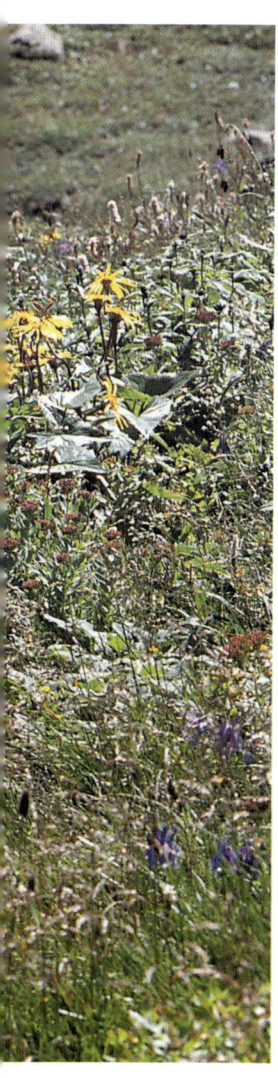

화살곰취 (학명) Ligularia jamesii(HEMSL.) KOM.

한국 특산 식물이며 고산 지대의 고원지에 자라는 국화과의 다년생 초본이며 방향성(芳香性) 식물이다.

우리나라 북부 지방 심산 지역의 골짜기 및 표고(標高) 2,300미터 정도의 산록에서 자란다.

평안북도 낭림산 노봉, 함경남도 부전고원, 함경북도 백두산, 중국 쪽의 장백폭포 주변과 백두산 천지 주변의 초원에 자란다. 높이 20 내지 60센티미터 정도 자라고 밑부분이 죽은 엽병(葉柄)으로 덮여 있고 밑부분에 털이 없으며 윗부분에는 털과 능선(稜線)이 있으며 근생엽(根生葉)은 꽃이 필 때까지 남아 있고 털이 없다. 길이 12 내지 39센티미터 정도로서 꽃무늬처럼 퍼지고 엽병(葉柄)은 길이 9.5 내지 32센티미터 정도로서 날개가 없다.

엽신(葉身)은 화살 같은 삼각형 또는 신장상(腎臟狀) 화살형이며 길이 5 내지 15센티미터, 너비 3.5 내지 12센티미터 정도이다. 표면의 맥(脈) 위와 가장자리에 털이 있고 뒷면에 털이 없으며 가장자리에 결각상(缺刻狀)의 톱니가 있고 측열편(側裂片)에 불규칙한 결각(缺刻)이 있다. 경생엽(莖生葉)은 2, 3개로서 밑부분의 것은 엽병이 길며 밑부분이 넓어져서 원줄기를 감싼다.

7, 8월에 꽃이 피고 꽃은 황색이며 두화(頭花)는 1개이고 지름 6.5 내지 8센티미터이며 포엽(苞葉)은 선형(線形)으로서 총포(總苞)보다 짧다. 총포는 통상(筒狀) 종형(鐘形)이며 길이 1.5센티미터, 지름 1.9센티미터 정도로서 적자색이고 밑부분에 털과 거미줄 같은 털이 있으며 포편(苞片)은 1줄로 배열되고 13개로서 끝에 털이 약간 있다.

9월에 수과(瘦果)되고 수과는 원추형(圓錐形)이며 털이 없고 관모(冠毛)는 적갈색이며 꽃이 필 때 길이 0.7 내지 0.8센티미터 정도로 화관(花冠)과 길이가 같다. 식용, 약용으로 쓰이며 부드러운 잎을 나물로 먹으며 전초(全草) 뿌리 등을 민간에서 진통, 진정 등의 약으로 쓴다. 식물 전체에서 향(香)이 난다.

화강암계, 대동계, 섬록암계, 변성퇴적암계, 반암계 등의 토양에 잘 자라며 삽목법, 분주법, 종간 잡종법, 생태 육종법, 계통 분리법 등에 의하여 번식된다.

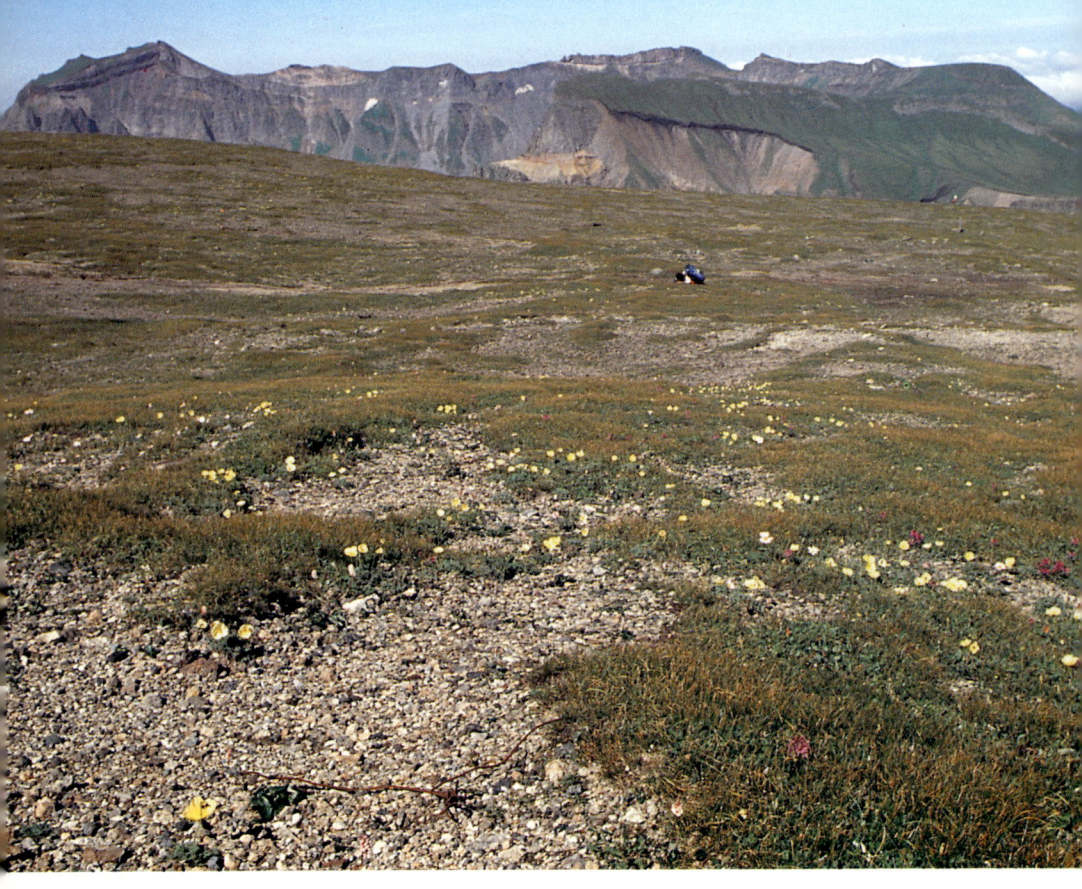

두메양귀비 군락지

두메양귀비   (학명) Papaver Coreanum   Nakai.
　고산 지대 고원지에서 자라는 양귀비과의 다년생 초본이며 유독성 식물이다.
　우리나라 북부 지방의 고산 중복(高山中腹)에 자라며 함경북도 백두산 표고(標高)
1,700 내지 2,700미터 지점의 암석지(岩石地)에 많이 자라고 백두산 천지(天池) 주변
의 초원지에도 많이 자란다.
　높이 5 내지 10센티미터 정도 자라고 전체에 퍼진 털이 있으며 뿌리가 땅속 깊이
30센티미터 정도 곧게 들어가고 지름 1센티미터 정도의 직근(直根)이 있다.
　근생엽(根生葉)은 화경(花莖)과 더불어 30개 정도가 한 군데에서 총생(叢生)하며 엽병
(葉柄)이 길고 난상 타원형으로서 1회 또는 3회 우상(羽狀)으로 갈라진다. 열편(裂
片)은 난상 타원형 또는 피침형이고 끝이 둔하지만 때로는 전혀 갈라지지 않는 것도
있다.

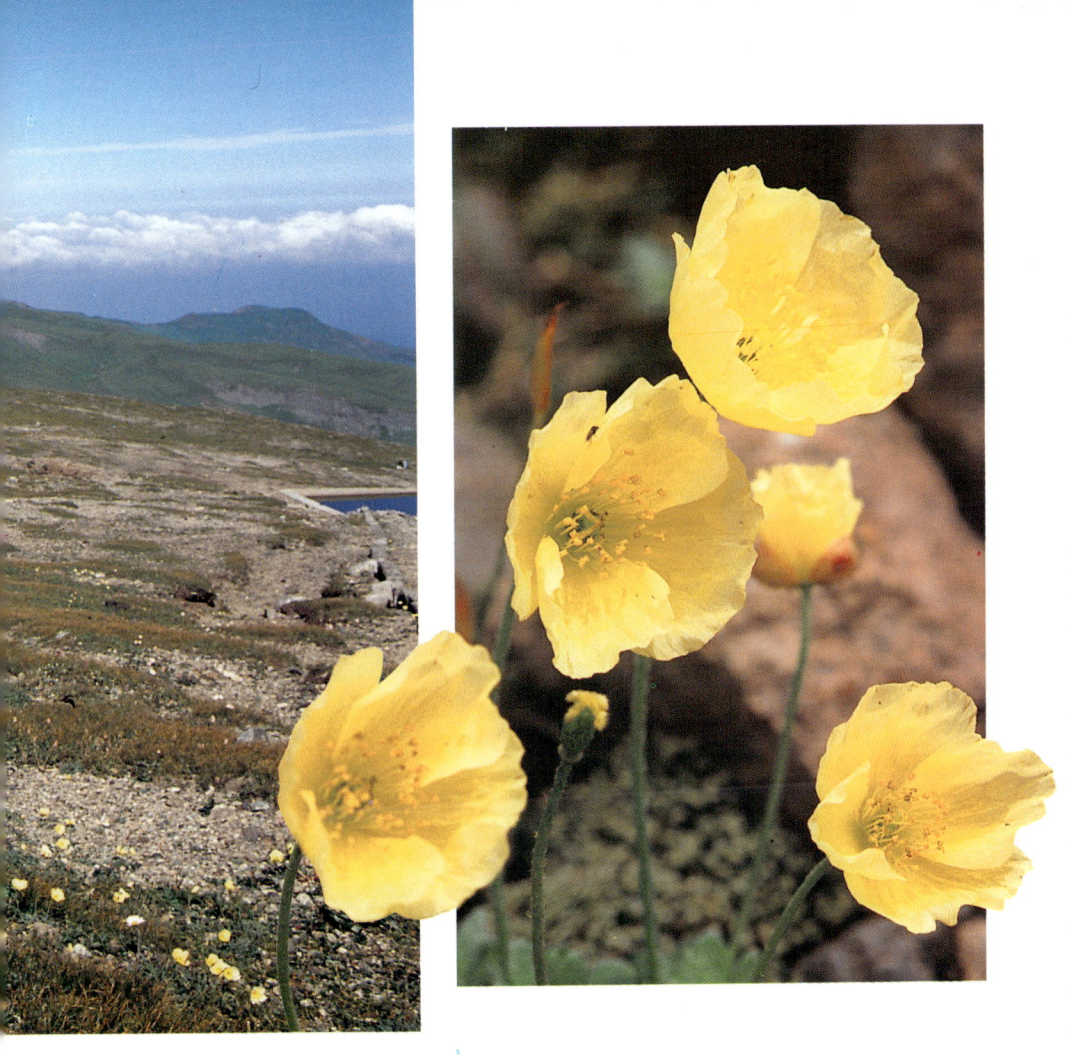

6월에서 8월에 꽃이 피고 꽃은 녹황색(綠黃色)이고 잎이 없는 화경 끝에 1개씩 달린다. 꽃받침잎은 2개로서 타원상 단형(丹形)이고 녹색이며 겉에 짙은 갈색(褐色)의 털이 밀생(密生)한다.

꽃잎은 4개가 교차로 대생(對生)하고 길이 1.5 내지 2센티미터 정도로서 약간 둥글며 수술이 많고 자방(子房)은 도란형이며 복모(伏毛)가 있고 암술머리가 방사형(放射形)이다.

10월에 삭과(蒴果)되고 삭과는 난상 구형(卵狀球形)이며 털이 있다.

관상용, 약용으로 쓰이며 민간에서 열매를 진해, 진경 등의 약으로 쓰지만 독성분(毒性分)이 있는 식물이기에 유의하여야 한다.

화강편마암계, 대동계, 섬록암계, 변성퇴적암계, 반암계 등의 토양에 잘 자라며 종내육종법, 실생법 등에 의하여 번식된다.

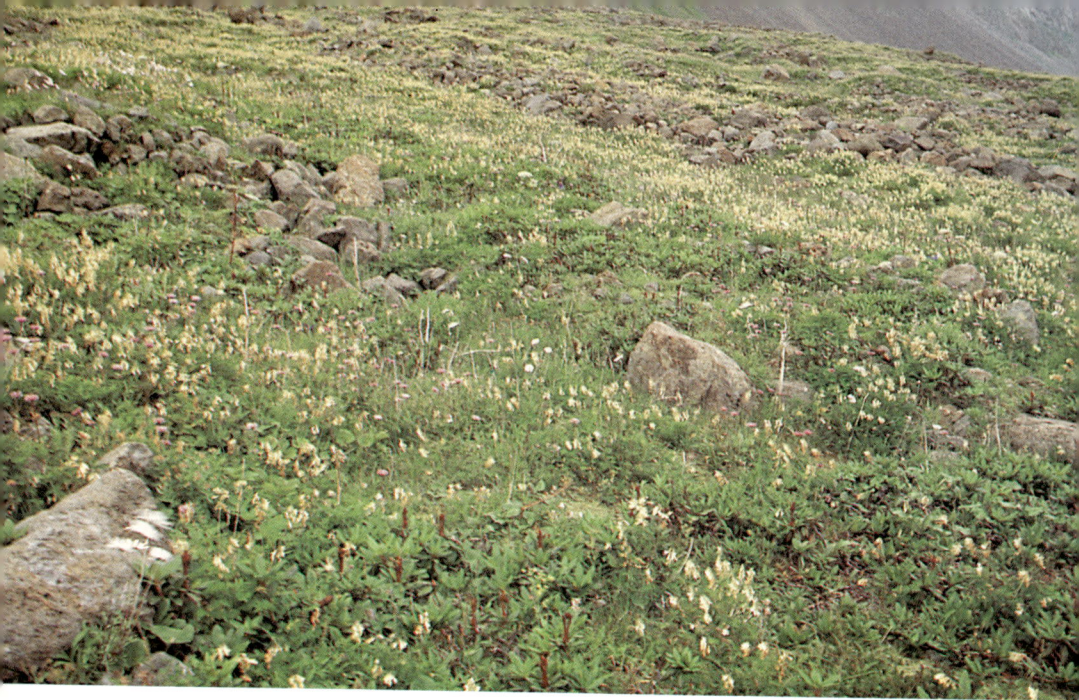

개황기　(학명) Astragalus uliginosus　L.

　애기황기라고도 불리며 고산 지대의 산록에서 자라는 콩과의 다년생 초본이다.
　우리나라 북부 지방의 함경남도 부전고원, 혜산진, 풍산, 함경북도 백두산, 관모봉
등의 표고(標高) 2,000미터 이상의 고원지에서 많이 자란다.
　중국 쪽의 장백폭포 위로부터 천지 주변의 광활한 화산암 지대에 대군락지를 이루고
있다.
　높이 60 내지 100센티미터 정도 자라고 복부(腹部)에 붙어 있는 복모(伏毛)가 있다.
잎은 어긋나고 잎자루가 있으며 8 내지 13쌍의 소엽(小葉)으로 구성된 기수 1회 우상
복엽(奇數一回羽狀複葉)이고 소엽은 긴 타원형 또는 긴 타원상 피침형이며 양쪽 끝이
둔하고 짧은 엽병이 있다. 엽병의 길이는 1.2 내지 4.6센티미터, 너비 0.3 내지 1.2
센티미터로서 표면에는 중앙으로 붙어 있는 복모(伏毛)가 약간 있으나 뒷면에는 조금
만 밀생(密生)한다.
　6월에서 8월에 꽃이 피고 꽃은 연한 황색이며 긴 화경(花梗) 끝에 총상(總狀)으로 달리
고 소화경은 꽃받침보다 짧으며 꽃받침과 더불어 갈색 털이 밀생한다.
　소포(小苞)는 막질(膜質)로 난형이며 길이 0.2센티미터 정도로서 끝이 뾰족하고 꽃받
침은 길이 0.4센티미터 정도이며 첫째 열편(裂片)은 길이 0.1센티미터 정도이다.
　10월에 골돌과(蓇葖果)되고 꼬투리는 길이 1.7센티미터, 넓이 0.4센티미터 정도로서
털이 있고 흑색(黑色)으로 익으며 2실(室)로 된다.
　약용으로 쓰이며 뿌리를 민간에서 강장, 늑막염 등의 약으로 쓰며 화강편마암계,
대동계, 섬록암계, 변성퇴적암계 등의 토양에 잘 자라며 삽목법, 종자 재배법, 분주법
등에 의하여 번식된다.

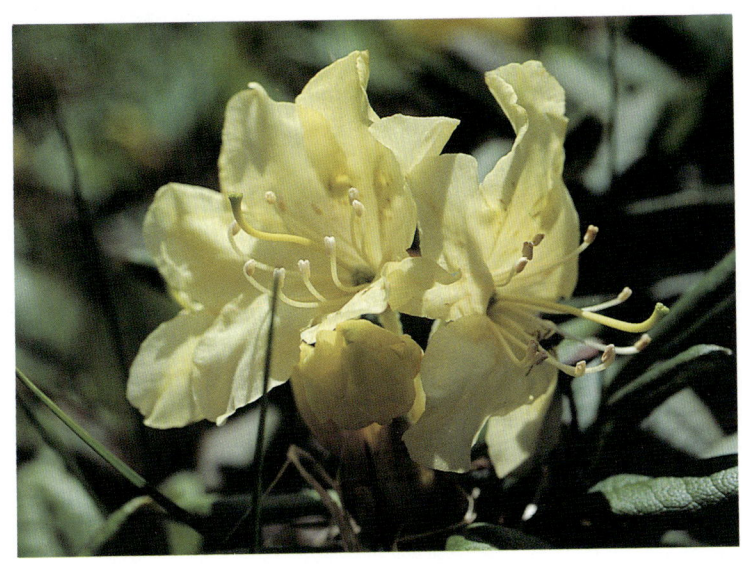

노랑만병초 (학명) Rhododendron aureum GEORGI.

고산 지대의 고원지에 자라는 진달래과의 상록관목이다.

우리나라에서 분포되는 곳은 수직적으로는 표고(標高) 1,300 내지 2,500미터, 수평적으로는 경상북도, 평안북도, 함경남북도, 지리적으로는 일본, 캄차카, 만주, 서백리아(西伯利亞)에 분포한다. 대개는 북부 지방의 백두산 고지대에 많이 분포한다.

높이 1미터 정도까지 자라며 소지(小枝)에 잔털이 있으나 곧 없어지며 잎은 어긋나며 혁질(革質)이고 타원형, 난상 피침형 또는 긴 타원상 도란형이며 원두(圓頭) 또는 둔두(鈍頭)이고 예저(銳底)이다. 길이 3 내지 8센티미터, 너비 1.5 내지 2.5센티미터로서 양면에 털이 없고 가장자리가 뒤로 약간 젖혀지며 톱니가 없고 엽병(葉柄)은 길이 1 내지 1.5센티미터 정도로서 털이 없다.

5, 6월에 꽃이 피고 꽃은 연한 황색이며 가지 끝에 5 내지 8개의 꽃이 산형(傘形) 또는 취산상(聚繖狀)으로 달리고 기부(基部)가 인편(鱗片)으로 싸여 있으며 소화경(小花梗)은 길이 2.5 내지 3.5센티미터 정도로서 갈색의 털이 있다.

꽃받침잎은 작고 둔두로서 털이 있으며 화관(花冠)은 깔때기 모형이고 지름 2.5 내지 3.5센티미터로서 연한 황색이다.

수술은 10개이며 수술대 기부에 털이 있으며 자방(子房)에 갈색 털이 있고 암술대는 길이 1.5 내지 2센티미터로서 수술보다 길며 털이 없다.

9월에 삭과(蒴果)되고 삭과는 좁고 긴 타원형이며 길이 1 내지 1.5센티미터 정도로서 익는다.

관상용, 약용으로 쓰이며 화단의 관상수 및 민간에서 잎(葉)은 류머티즘, 이뇨, 강장 등의 약으로 쓰인다.

화강암계, 화강편마암계, 변성퇴적암계 등의 토양에 잘 자라며 무성 번식법, 종간 잡종법, 분주법, 삽목법 등에 의하여 번식된다.

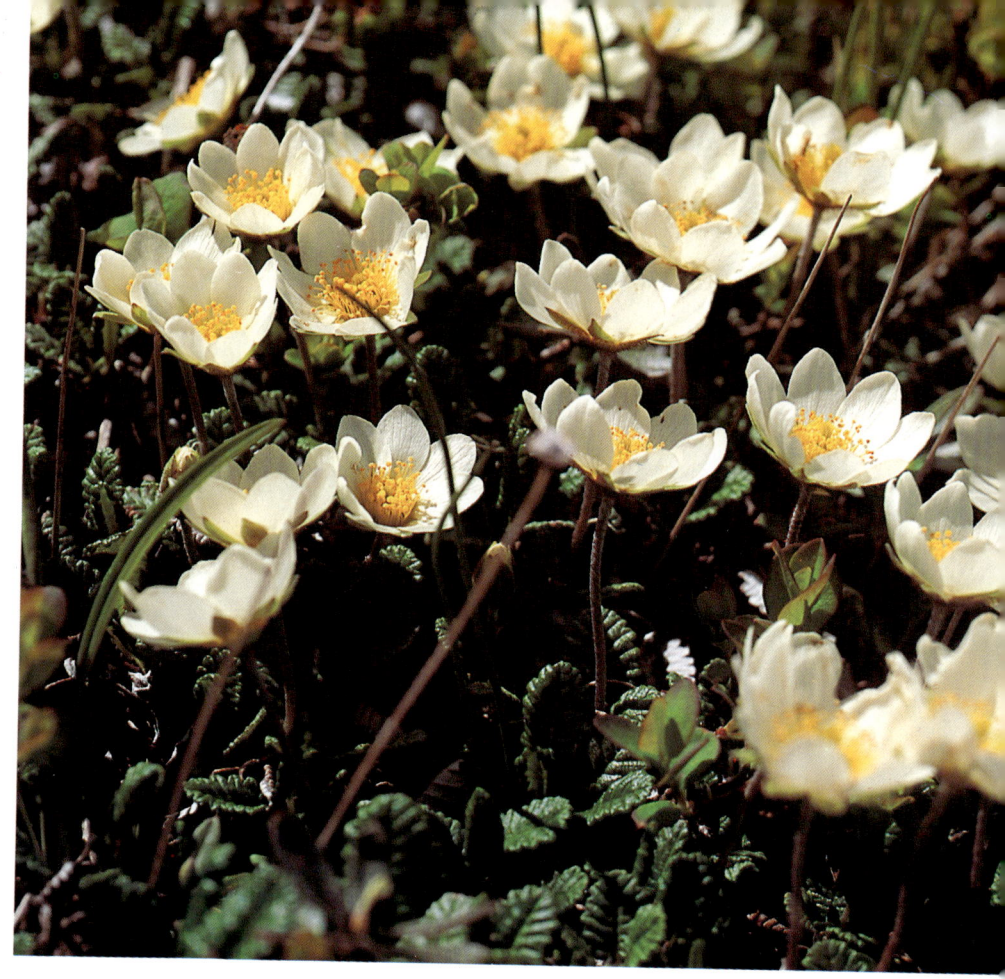

담자리꽃 (학명) Dryas octopetala Linne var. asiatica (Nakai) NAKAI.

담자리꽃나무라고 불리기도 하며 고산 지대의 산 정상 부근에 자라는 장미과의 상록 소관목(常綠小灌木)이다.

수직적으로는 표고(標高) 1,200 내지 2,200미터, 수평적으로는 평안북도, 함경남북 도, 지리적으로는 일본 혼슈 북해도, 구주(歐洲), 북미에 분포한다.

백두산은 수목 한계선을 지나서 그 이상의 산록에 대군락을 이루고 자란다.

높이 10 내지 50센티미터 정도까지 자라며 풀같이 보이고 원줄기는 가지를 치면서 옆으로 뻗으며 잎은 어긋나지만 대생(對生)한 것처럼 보인다. 넓은 타원형이고 길이 1 내지 2센티미터, 너비 0.6 내지 1.5센티미터 정도로서 둔두(鈍頭) 원저(圓底)이며 표면은 털이 없고 엽맥(葉脈)이 들어가기 때문에 주름이 지며 뒷면은 백색의 면모 (綿毛)가 밀포하고 가장자리에 둔한 톱니가 있다.

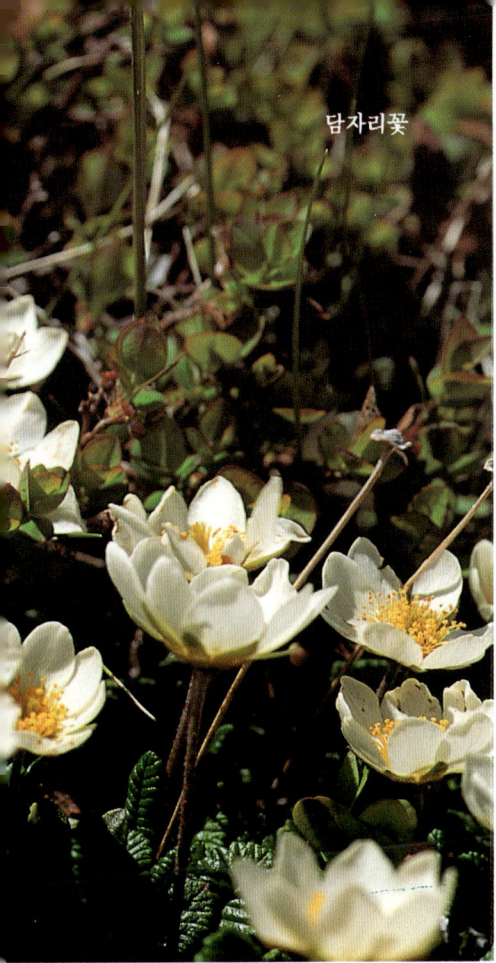

담자리꽃

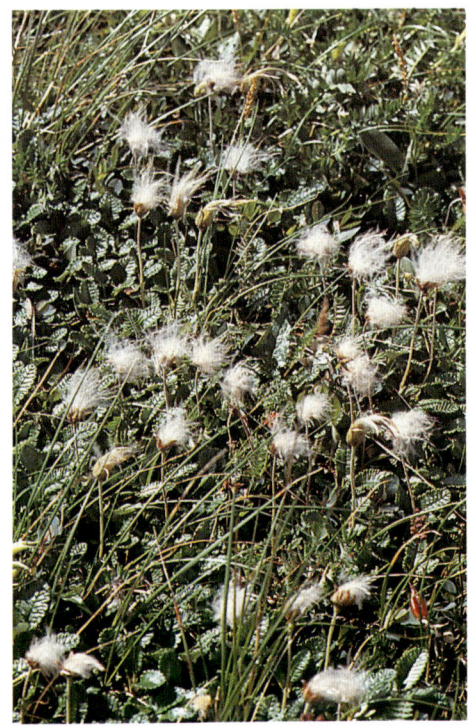

담자리꽃 열매 날개

엽병(葉柄)은 길이 0.5 내지 2센티미터 정도로서 백색 털이 있으며 중앙부까지 탁엽(托葉)이 붙어 있다.

6월에 꽃이 피고 꽃은 백색이며 길이 3 내지 10센티미터 정도의 화경(花梗)이 나와서 그 끝에 1개의 꽃이 달린다. 꽃은 지름 2센티미터 정도로서 꽃받침잎과 꽃잎은 각각 8개이고 수술과 암술대가 많으며 암술대는 자방(子房)과 더불어 털이 있다.

7월에 수과(瘦果)되고 꽃이 진 다음 암술대가 길이 3센티미터 안팎으로 자라서 마치 할미꽃의 열매와 같이 옆으로 꼬아지면서 날개가 부풀며 열매로 된다.

관상용으로 쓰이며 정원에 심고 화강편마암계, 대동계, 섬록암계, 변성퇴적암계, 반암계 등의 토양에 잘 자라며 실생법, 종자 재배법, 분주법, 교잡법 등에 의하여 번식된다.

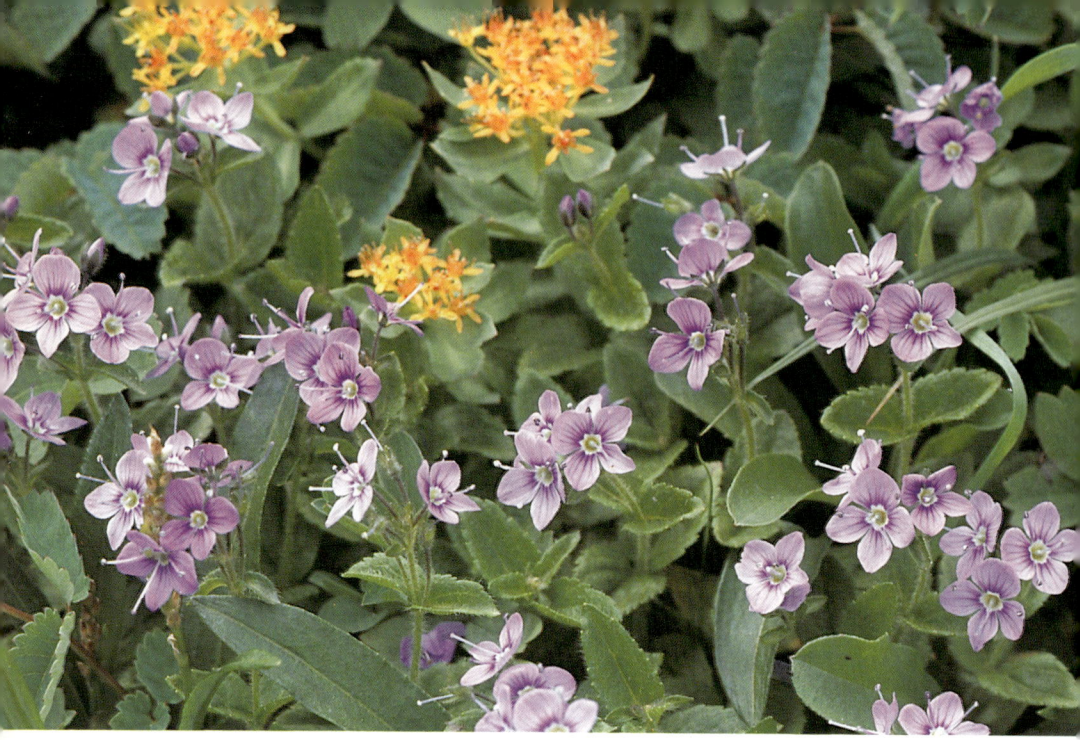

두메투구꽃 (학명) Veronica stelleri pall. var. longistyla KITAGAWA.

두메투구풀, 두메투구라고 불리기도 하며 고산 지대의 산록에 자라는 현삼과의 다년생 초본이다.

우리나라 북부 지방의 평안북도 영원, 함경남도 혜산진, 함경북도 백두산 등지의 고산 초원에 분포한다.

높이 7 내지 30센티미터 정도 자라며 총생(叢生)하고 전체에 부드러운 백색의 털이 있다. 잎은 5 내지 8쌍씩 달리며 엽병(葉柄)이 없고 넓은 난형 또는 난형이며 끝이 둔하고 밑부분이 둥글며 길이 1 내지 2.5센티미터, 너비 0.8 내지 1.5센티미터 정도로서 가장자리에 몇 쌍의 톱니가 있다.

7, 8월에 꽃이 피고 꽃은 백색 바탕에 자주색의 맥(脈)이 있으며 총상 화서(總狀花序)에 적은 수의 꽃이 드문드문 달리고 다세포로 된 퍼진 털이 있다. 또한 밑부분의 포(苞)는 잎 같고 윗부분의 포는 도피침형(倒披針形)으로 소화경(小花梗)보다 짧다. 꽃받침은 길이 0.6센티미터 미만이며 4개로서 깊게 갈라지며 열편(裂片)은 도피침형이고 끝이 둔하다. 화관(花冠)은 지름 1 내지 1.2센티미터 정도이고 암술대는 길이 0.6센티미터 이하이며 수술은 2개이다.

9월에 삭과(蒴果)되고 삭과는 편원형으로 끝이 오목하게 들어간다.

관상용, 밀원용, 약용으로 쓰이며 화단의 관상초 및 꿀이 많아서 밀원 식물(蜜源植物)로 쓰이고 민간에서 전초(全草)를 이뇨, 중풍 등의 약으로 쓴다.

화강편마암계, 대동계, 섬록암계, 변성퇴적암계, 반암계 등의 토양에 잘 자라며 종자 재배법, 생태 육종법 등에 의하여 번식된다.

참고 문헌

이영노 「韓國動植物圖鑑」문교부, 1976.
──── 「白頭山의 꽃」한길사, 1991.
이영노, 주상우 「韓國植物圖鑑」대동당, 1956.
이창복 「大韓植物圖鑑」향문사, 1979.
송주택 「韓國資源植物圖鑑」거불출판사, 1983.
정태현 「韓國植物圖鑑」(上下) 신지사, 1956.
──── 「藥用植物 재배법」약사시보, 1958.
안학수, 이춘영, 박수현 「韓國農植物資源名鑑」일호각, 1989.
김태정 「약이 되는 야생초」대원사, 1989.
──── 「집에서 기르는 야생화」대원사, 1990.
──── 「약용식물」대원사, 1990.
──── 「韓國野生花圖鑑」교학사, 1988.
──── 「우리가 정말 알아야 할 우리꽃 백 가지」현암사, 1990.
李時珍 「本草綱目」1578.
許浚 「東醫寶鑑」삼성당, 1987.
「中草藥學」商務印書舘(中國), 1975.
張宏文 「韓中植物名稱事典」錦學出版社(中國), 1978.
牧野富太郎 「日本植物志」보육사(日本), 1919.
────── 「牧野新日本植物圖鑑」丗隆舘(日本), 1989.
村田懋磨 「滿鮮植物」成光舘書店(日本), 1930.
中井猛之進 「鷺峯植物調査」京城山草會(日本), 1910.

빛깔있는 책들 301-9

고산식물

글	—김태정
사진	—김태정

발행인	—장세우
발행처	—주식회사 대원사

편집	—김한주, 신현희, 조은정, 황인원
미술	—윤용주, 윤봉희
전산사식	—육세림, 이규헌

첫판 1쇄	—1992년 1월 30일 발행
첫판 6쇄	—2006년 1월 31일 발행

주식회사 대원사
우편번호/140-901
서울 용산구 후암동 358-17
전화번호/(02) 757-6717
팩시밀리/(02) 775-8043
등록번호/제 3-191호
http://www.daewonsa.co.kr

이 책에 실린 글과 그림은, 저자와 주
식회사 대원사의 동의가 없이는 아무
도 이용하실 수 없습니다.

잘못된 책은 책방에서 바꿔 드립니다.

(삐) 값 13,000원

Daewonsa Publishing Co., Ltd.
Printed in Korea(1992)

ISBN 89-369-0118-4 00480

건강 식품(분류번호:202)

즐거운 생활(분류번호:203)

건강 생활(분류번호:204)

한국의 자연(분류번호:301)

미술 일반(분류번호:401)

역사(분류번호:501)